소비자정책

이론과 정책설계

CONSUMER POLICY
Theory-based Policy Design & Implementation

소비자정책

이론과 정책설계

여정성 · 신세라 · 사지연

교문사

1982년, 국내 최초로 서울대학교 가정관리학과(현 소비자학과)에서 '소비자정책론' 강의를 개설하게 된 것은 바로 신생 학문이었던 "소비자학"에 대한 이기춘 교수님의 의지와 열정이었습니다. 당시 4학년이었던 저는, 권오승 명예교수님께서 시간강사로 맡아주셨던 그 강의를 수강하는 특전을 누렸습니다. 아무것도 모르던 학부생에게 "소비자주권"이라는 처음 들어본 단어는 너무나도 생경했습니다. 그리고 그 학부생이 박사과정을 마치며 시작한 '소비자정책론' 강의를 올해까지 30여 년째 해 오고 있습니다.

학부의 '소비자정책론'과 대학원의 '소비자정책특론' 강의는 제게 항상 큰 도전입니다. 매번 똑같은 목차처럼 보일지 모르지만, 항상 학기가 시작되기 바로 전날까지 끊임없이 고민하고 이리저리 바꿔가며 30년을 지내다보니, 교재를 집필할 엄두도 나지 않았습니다. 그러나 이토록 오랜 시간 강의한 내용을 최소한 한 곳에라도 담아보자는 마음이 앞서 감히 용기를 냈습니다. 물론 마음을 먹은 후에도 여러 가지 이유로 끝없이 뒤로 미뤄졌습니다.

이번에도 학부생 때 소비자정책론 강의를 들었고, 대학원생 때는 조교로 도와주었던 신세라 박사와 사지연 박사가 힘을 보태 주지 않았다면 여전히 불가능한 일로 남아 있었을 것입니다. 특히 기획 단계에서 함께 고민을 해 준 황진주 박사의 참여가 없었다면 첫 삽을 뜨지도 못했을 일입니다. 막상 머리말을 쓰려니 제일 먼저, 황진주 박사, 그리고 함께 책을 엮어 준 신세라 박사와 사지연 박사에 대한 감사의 인사부터 나옵니다. 어느새 자라 각 분야에서 든든한 소비자정책 전문가로 활약하고 있으니 더없이 뿌듯합니다.

소비자정책론을 강의하는 첫 날, 저는 항상 길에 있는 신호등으로 설명을 시작합니다. 사람들은 신호등이 있어 편안하게 길을 오갈 수 있습니다. 신호등이 없다면 또는 고장이라도 난다면 누구도 쉽게 길을 오가지 못할 겁니다. 이처럼 사회가 원활하게 움직이기 위해서는 어떤 시스템이 필요합니다. 물론 단순하게는 상식선에서 모든 것이 이루어지면 가장 좋겠으나, 사람 마음이 모두 같지 않기 때문에 약속이 필요하고, 그 약속은 사회구성원 간에 적절하게 합의된 방향성과 내용에 기반을 두어야 합니다.

그러나 이렇듯 좋은 취지에서 도입한 신호등도 때로는 장애물이 되기도 합니다. 예를 들어, 새벽녘 인적이 드문 길에 켜져 있는 신호등은 어떨까요? 보행자가 없기 때문에 그대로 차를 몰고 지나가도 됨에도 불구하고 신호등의 빨간불 앞에 서 있을 때면 여러 가지 생각이 교차합니다. 아무도 없는데 마냥 기다리고 있어야 하는 게 짜증나기도 하고, 또는 무시하고 지나칠 것인가 망설이게 되기도 하고, 또 어떤 경우에는 신호등을 위반하며 마음이 무거워지기도 하지요! 그렇지만 이렇게 짐이 되어버린 신호등을 점멸등이라는 유연한 제도로 바꾸어 주면 다시 효과적으로 기능하게 됩니다.

시장에서 소비자문제가 발생할 때 정부는 시장에 개입하며, 이런 신호등과 같은 역할을 하는 것이 바로 '소비자정책'이라는 소개로 한 학기의 강의를 엽니다. 30년 전 제가 강의를 시작할 때만해도 우리나라의 소비자보호 수준은 참으로 열악했습니다. 코넬대의 소비자경제학과에서 유익한 소비자보호기제에 대해서도 비판적인 시각을 갖추어야 함을 배웠음에도, 당시 우리나라에서 제가 먼저 나서서 했어야 하는 일은 소비자보호와 권익증진을 위해 필요한 법제도의 도입을 주장하는 것이었습니다. 감사하게도 이후, 소비자피해보상제도, 식품의약품안전제도, 리콜제도, 표시광고법, 제조물책임법, 전자상거래보호, 분쟁조정, 소비자정책위원회 등등 새로운 제도들이 속속 등장하였습니다.

그리고 어느덧 이제는 '소비자권익'이라는 너무나 중요한 명제가 행여 무분별하게 남용되는 것은 아닌가 걱정해야 하는 상태가 되었습니다. 더불어 그동안 우리가 도입했던 소중한 제도들이 제 몫을 하지 못한 채 행여 사회에 짐이 되고 있는 건 아닌가, 시대에 맞게 그리고 상황에 맞추어 조금이라도 수정해야 하는 건 아닌가 고민해야 할 때입니다.

지금은 단순히 '정부는 소비자를 보호해야 한다'가 아니라, 소비자의 선택권을 보장하기 위해 보다 명확한 개입 근거와 정교한 접근이 필요한 시점입니다. 정부가 어떤 소비자문제에 개입할 것인지, 개입한다면 어떤 기제를 사용할 것인가에 대한 판단이 특히 중요해졌습니다. 특히 해당 문제를 해결하기 위해 반드시 정부가 나서야만 하는 것인지에 대한 숙고도 반드시 필요합니다.

저희들은 이 책을 통해 독자들이, 그리고 학생들이 소비자정책의 필요성과 방법에 대해 고민해 보기를 희망합니다. 그리고 그 고민의 과정에 바탕이 될 수 있기를 기대하며, 필요한 소비자정책 이론들을 소개하였습니다. 일상을 영위하는 모든 소비자들이 안심하고 생활할 수 있는 바람직한 시장환경이 조성되어야 한다는 믿음으로, 저희들의 졸저를 세상의 모든 소비자들에게 바칩니다.

2020년 7월
저자를 대표해서 여정성이 드립니다.

차례
CONTENTS

X

소비자정책

: 이론과 정책설계

소비자문제와 소비자정책

모든 현대인은 소비자이며 일상생활을 영위하는 동안 수많은 소비자문제들을 경험한다. 이 문제들 중 일부는 소비자 개인의 역량에 의해 해결 가능한 것들이나, 상당수는 현대사회의 구조적 문제에서 기인하는 것들이다. 현실의 시장에서 소비자들은 사업자에 비해 상대적으로 취약한 지위에 놓이며, 정부는 이러한 구조적 문제를 해결하기 위해 시장에 개입한다. 그러나 모든 정부 개입 행위가 시장을 더 나은 방향으로 변화시키는 것은 아니다. 지나친 개입은 자칫 편익 그 이상의 비용을 발생시킬 수 있다. 이에 제1부에서는 소비자문제란 무엇이며, 소비자문제 해결을 위한 시장 개입이 필요한 이유는 무엇인지, 소비자문제 해결을 위한 정책의사결정은 어떠한 과정과 방식으로 이루어져야 하는지에 관해 살펴본다.

소비자문제와 정부 개입

소비자문제는 왜 발생하며 정부는 왜 소비자문제 해결을 위해 노력해야 하는가? 본 장에서는 소비자문제의 발생배경과 정책적 개입의 근거, 소비자정책의 범주와 유형에 관해 살펴본다.

01 | 소비자문제의 등장과 변모

소비자문제란 '소비자가 상품이나 용역(이하 상품)에 관한 거래관계를 체결하는 중 또는 그 상품을 이용하는 과정에서 경험하는 불만이나 피해'를 의미한다[1]. 소비자문제는 인류가 시장을 통한 거래를 시작한 이래 꾸준히 존재해 왔으나, 이를 하나의 사회문제로 인식하기 시작한 것은 산업혁명 이후, 다시 말해 대량생산과 대량소비가 본격화된 시점부터이다. 그러나 이 시기는 한 국가의 발전단계에 따라 서로 다르며, 소비자문제의 등장과 변모 또한 국가별로 다양한 형태와 속도로 나타난다. 이

---

[1] 여정성(2008). 소비자정책, 한국행정 60년 제3권, 한국행정연구원, 법문사.

하 내용에서는 미국과 우리나라의 사례를 살펴봄으로써 한 사회의 발전과 소비자문제의 변모가 어떠한 과정을 거쳐 이루어졌는지 알아본다.

1) 미국 소비자문제의 등장과 변모[2]

미국의 소비자문제는 20세기 초 산업혁명과 함께 부각되기 시작했다. 이 시기, 시장에는 대량생산 대량소비 체제가 자리 잡았고, 소비자들은 직접 생산하여 소비하던 많은 물건들을 공장에서 생산된 기성품으로 대체하게 되었다. 공장 중심의 생산방식은 생산 과정을 온전히 사업자의 통제영역 하에 놓이게 만들었다. 사업자가 부도덕한 방식으로 제품을 생산하더라도 소비자는 그 사실조차 알아차리기 힘들고, 알아차렸다 하더라도 바로잡을 방법이 없었다. 게다가 당시 시장은 소수의 선도 사업자들이 주도하는 독과점 형태였기 때문에, 소비자들이 문제 있는 제품을 대체할 다른 제품을 찾는 것조차 쉽지 않은 상태였다. 이후 출판물을 통해 식품의 위생, 의약품의 인체 유해성 등이 사회적 이슈로 부각되기 시작했고, 상품규제를 위한 최초의 법률인 「식품의약품법(Pure Food and Drug Act, 1906)」과 「육류도매법(Meat Inspection Act, 1906)」이 제정되었다. 또한 시장이 자정기능을 발휘할 수 있도록 시장 내 독과점 행위와 불공정 거래 행위를 규제하는 「반독점법(Sherman Antitrust Act, 1890)」과 「연방공정거래법(Federal Trade commission Act, 1914)」이 함께 제정되었다.

1930년대는 산업혁명의 영향이 절정에 다다른 시기였다. 전기의 보급으로 다양한 가전제품들이 출시되었고, 공장에서 생산되는 생활용품의 종류도 다양해졌다. 시장에 새로운 제품이 넘쳐남에 따라 소비자들은 구매선택의 어려움을 경험하게 되었고, 사업자들은 새로운 제품의 존재와 기능을 알리기 위해 광고를 활용하기 시작했다. 이 당시 소비자들이 필요로 하는 것은 제품에 관한 객관적 정보였지만, 광고는 소비자들을 기만하는 판매 전략의 하나로만 활용될 뿐 정보원으로서의 기능은 수행하지 못했다. 이러한 문제들을 해결하기 위해 미국 정부는 기만적 거래행위, 다시 말해 기만광고를 규제할 수 있도록 「연방공정거래법(Wheeler-Lea Amendment, 1936)」을 개정하였고, 소비자단체들은 잡지를 통해 소비자들에게 제품에 관한 객관

---

2 "Mayer, R. N.(1989). 이기춘·여정성·조은정·조유현 역(1996). 소비자주의: 시장을 지키는 파수꾼. 하우."를 참고로 작성

적 정보를 직접 제공하기 시작했다.

1960~70년대는 소비자문제에 대한 사회적 관심이 그 어느 때보다 뜨거운 시기였다. 소비자문제의 종류가 다양해졌고, 내용도 복잡해졌다. 자동차와 같이 다양한 기술이 복합적으로 적용된 제품의 안전성이 문제되기 시작했고, 외국과의 수출입이 활성화됨에 따라 소비자피해보상과 책임 문제가 더욱 복잡해졌다. 시장 내 경쟁이 심화되면서 사업자의 기만적 판매행위도 더욱 교묘해졌다. 이 시기 소비자들은 실질임금의 상승으로 그 어느 때보다 높은 구매력을 확보하고 있었으며, 소비자문제의 법제도적 해결에도 관심이 많았다. 소비자운동가들의 정치적 활동이 활발해졌고, 많은 소비자관련 법제들이 새롭게 마련되었다. 잘 알려진 케네디 대통령의 「소비자권리장전(Consumer Bill of Rights, 1962)」과 랄프 네이더의 저서 《어떤 속도에서도 안전하지 않다(Unsafe at Any Speed, 1965)》가 발표되었고, 「국가교통안전법(National Traffic and Motor Vehicle Safety Act, 1966)」, 「공정한 포장 및 상품표시법(Fair Packing and Labeling Act, 1966)」 등 다수의 소비자보호 법률들도 이 시기에 제정되었다.

미국의 사례는 산업혁명의 발전과 함께 소비자문제가 등장하고 변화해 나가는 과정을 잘 보여준다. 위생과 인체 유해성 같은 직접적인 소비자안전문제와 독과점 시장 환경의 문제에서 시작해서, 객관적 정보의 부족과 기만광고, 나아가 기술안전성과 소비자피해의 실질적 구제 방안으로 이어지는 일련의 과정은 소비자정책이 해결해야 하는 주요과제들을 종합적으로 포함하고 있다. 소비자문제의 변모는 각국의 정치·사회·문화적 배경에 따라 서로 다른 속도와 양상으로 나타나지만, 미국의 사례는 산업혁명이라는 인류 보편의 사회발전 단계를 근간으로 하고 있다는 점에서 상당수의 국가에서 그와 유사한 양상이 발견된다.

2) 우리나라 소비자문제의 등장과 변모[3]

우리나라에서 소비자문제가 처음 주목받기 시작한 시기는 1960년대 후반이다. 1960년대 후반부터 70년대 중반까지 우리나라는 강도 높은 경제성장정책을 펼쳤고, 그 영향으로 소비자들은 급격한 물가상승을 경험하게 되었다. 이후 물가안정정

---

[3] "여정성(2019). 소비자정책의 새로운 지평과 과제: 누가, 어디로, 어떻게 갈 것인가?. 소비자문제연구, 50(3), 209-233."를 참고로 작성

책에 대한 요구가 높아졌고, 정부는 1968년 국무총리실 직속의 '국민생활향상심사위원회'를 신설하고 그 산하에 '소비자보호분과위원회'를 두었다. 1968년 12월에는 우리나라 최초의 소비자 관련 규범인 「소비자보호요강」도 제정되었다. 당시 시장에는 급격한 물가상승 이외에도 많은 소비자문제들이 존재했으나, 경제발전이 우선이라는 이른바 '발전이데올로기'가 사회전반에 팽배하고, 소비자들의 생활여건 또한 매우 열악했기 때문에, 안전이나 품질 같은 소비자문제는 등한시 되는 추세였다.

1980년대는 소비자문제가 본격적인 사회이슈로 등장하며, 소비자정책이 정부 정책의 한 영역으로 새롭게 자리 잡은 시기였다. 1980년도에 개정된 제5공화국 「헌법」에 소비자의 권리 보장에 관한 내용(제124조)이 포함되었고, "경제사회개발 5개년 계획(1982년~)"에도 소비자 보호의 정신이 반영되었다. 1980년도에는 소비자보호에 관한 정부의 역할을 구체적으로 명시한 「소비자보호법」도 제정되었다. 「소비자보호법」은 제정 이후 한동안 명문상으로만 존재했으나, 1986년 개정을 통해 소비자정책 실무 전반을 담당하는 한국소비자보호원(현재 한국소비자원)을 설치하면서 실질적인 효력을 발휘하게 되었다.

1990년대는 소비자들의 생활수준이 크게 향상되면서, 소비자문제에 대한 소비자들 스스로의 문제의식과 권리의식이 함께 성장한 시기였다. 제품의 품질과 안전, 객관적 상품정보에 대한 요구가 높아졌고, 소비자로서의 불만과 피해를 실질적으로 구제받을 수 있는 방안을 필요로 하였다. 정부도 이러한 소비자들의 요구에 적극적으로 부응했다. 안전관리 강화를 위해 리콜제도가 도입되었고(1996년), 기만광고와 허위·과장광고가 「공정거래법」상 불공정거래행위로 지정되었다(1990년). 청약철회권이 도입되었고(1991년), 「방문판매법」과 「할부거래법」이 새롭게 제정되었다(1991년).

2000년대는 소비자문제의 종류가 점차 다양하고 복잡해지면서 효율적인 정책집행체계에 대한 요구가 높아지던 시기였다. 이 시기 우리나라의 소비자정책은 재정경제부(소비자정책과)와 공정거래위원회(소비자보호국)가 동시에 담당하고 있었고, 그 외 부처들도 소관품목과 관련된 소비자정책들을 산발적으로 수행하고 있었다. 소비자문제 해결에 대한 요구가 높아지면서 다양한 소비자정책들이 도입되었으나, 추진체계 상의 혼란으로 정책이 원활히 기능하지 못하고 있는 상태였다. 이러한 문제를 해결하기 위해 정부는 2008년 공정거래위원회를 소비자정책 총괄부처로 지정하였고, 한국소비자원 또한 재정경제부 소관에서 공정거래위원회 소관으로 이동하였다.

2010년대는 개편된 소비자정책 추진체계의 원활한 기능과 디지털 환경 하에서 등장하는 새로운 소비자문제에 대한 대응방안이 요구되는 시기였다. 이를 위해 정부는 소비자정책 총괄기구로서 소비자정책위원회의 소속을 공정거래위원회에서 국무총리 소속으로 격상하였고, 「인터넷 광고에 관한 심사지침」과 「전자상거래 등에서의 상품 등의 정보제공에 관한 고시」, 카페, 블로그 이용판매 사업자의 의무사항 등 통신판매중개업자의 책임을 강화하기 위한 각종 지침을 마련하였다.

02 | 소비자문제 해결을 위한 정부 개입의 근거

소비자정책이란 소비자를 보호하기 위한 정부의 시장개입 행위를 말한다. 이 행위는 본질적으로 '시장은 있는 그대로 두어야 한다'는 고전주의 경제학의 논리에 배치되는 것이기 때문에, 소비자정책의 필요성에 대한 비판적 시각은 전통경제학을 비롯한 여러 분야에서 지속적으로 제기되어 왔다. 그러나 모든 정책은 정책의 필요성에 대한 사회적 공감대와 지지로부터 시작되며, 이 지지는 곧 정책결정 및 집행과정에서의 추진력이 된다. 따라서 소비자문제 해결을 위한 정부 개입에 있어 '왜 소비자 보호가 필요한지', '왜 정부의 시장개입이 필요한지'에 대한 논리적 근거(rationale, justification)를 마련하는 작업은 그 중요성이 특히 크다고 할 수 있다.

그렇다면 정부는 언제, 소비자를 보호하기 위해 시장에 개입하는가? 정부는 시장이 원활히 작동하지 않음으로 인해 소비자에게 피해가 발생하거나 그러한 우려가 있을 때, 그 피해를 해결 또는 예방하기 위해 시장에 개입한다. 여기서 시장이 원활히 작동하는 상태란 완전경쟁시장, 다시 말해 완전경쟁, 완전정보, 합리적 소비자와 같은 조건들이 모두 충족되는 상태를 말한다. 그러나 현실에서 이와 같은 조건들이 모두 충족되기란 사실상 불가능하다. 현실의 시장은 완전경쟁시장이 될 수 없으며, 원활히 작동하지 않는 시장으로 인한 피해가 소비자들에게 돌아가고 있다. 이하 내용에서는 시장이 원활히 작동하지 않을 때 발생하는 소비자문제의 구체적 양상과 그에 따른 정부 개입의 필요성을 검토한다.

1) 불완전 경쟁

불완전 경쟁(imperfect competition)이란 시장의 구조적 문제로 인해 완전경쟁에 관한 가정이 충족되지 않는 상태를 말한다. 구체적으로 독과점 시장과 같이 소수의 사업자에게 시장지배력이 집중되어 있는 경우가 여기에 해당한다. 지배력을 가진 소수의 사업자들은 시장 내 다른 사업자 또는 소비자에 비해 상대적으로 우월한 지위에 놓인다. 거래의 주도권을 가진 독과점 사업자는 거래거절, 차별적 취급, 경쟁사업자 배제 등의 불공정거래행위를 할 수 있으며, 담합, 카르텔로 불리는 부당한 공동행위를 하기도 한다. 또 부당하게 가격을 형성하거나 상품의 출고량을 조절하고, 잠재적 경쟁사업자의 시장진입을 막는 등의 행태를 보인다.

불완전 경쟁으로 인한 문제는 시장 스스로의 힘으로 회복되기 어려운 구조적 문제이다. 불완전 경쟁 문제가 나타날 때 거래의 상대방은 독과점 사업자가 정한 부당한 가격과 거래조건을 그대로 수용할 수밖에 없으며, 이러한 거래가 반복될수록 해당 사업자는 더욱 큰 시장지배력을 지니게 된다. 이렇듯 시장을 있는 그대로 놔두는 것은 불완전 경쟁 구조를 더욱 심화시킬 수 있으며, 때문에 정부의 정책적 개입을 통해 해결될 필요가 있다.

2) 불완전 정보

불완전 정보(imperfect information)란 소비자들이 상품의 가격 또는 품질에 관해 양적으로, 또는 질적으로 충분한 정보를 가지고 있지 못한 상태를 말한다. 불완전 정보 문제는 소비자들이 탐색을 통해 얻을 수 있는 정보의 양이 절대적으로 부족하거나, 정보의 내용이 진실 되지 않은 경우, 마지막으로 관련 정보를 획득하고 활용하기 위해 소비자들이 지나치게 많은 시간과 노력을 기울여야 하는 경우에 발생한다. 불완전 정보 문제가 존재할 때, 소비자들은 소비자들은 동일한 품질의 상품을 서로 다른 가격에 구매하거나, 상품에 관한 오도된 인식을 바탕으로 잘못된 구매의사결정을 내리는 등 비합리적 소비행태를 보이게 된다.

불완전 정보 문제 또한 소비자 스스로의 힘으로 해결하기 어려운 시장의 구조적 문제에 해당한다. 완제품 소비가 보편화된 현대사회에서 소비자들은 사업자들이 공개하는 한정적 정보에 의존할 수밖에 없고, 사업자 간 경쟁이 치열해질수록 사업자의 기만적 정보제공행위 또한 늘어나게 된다. 불완전 정보 문제를 해소하기 위해서는 사업자로 하여금 상품에 관한 중요정보를 빠짐없이 공개하도록 하는 한편, 기만적 정보제공행위를 하지 않도록 그 행위를 제재해야 한다. 즉 불완전 정보 문제는 소비자 스스로의 노력과 주의행동으로는 해결되기 어려운 문제이며, 때문에 정부의 정책적 개입을 통해 해결될 필요가 있다.

3) 제한된 합리성

제한된 합리성(bounded rationality)의 문제는 비합리적 의사결정으로 인해 소비자들이 적정구매에 다다르지 못하는 현상을 말한다. 이 문제는 앞서 설명한 불완전경쟁, 불완전 정보 문제와 달리 소비자, 다시 말해 사람에게서 기인한 문제라는 점에서 Human Failure라는 용어로 지칭되기도 한다. 제한된 합리성으로 인해 소비자들은 나중보다는 현재 받게 되는 보상의 가치를 더 높게 평가하는 현재선호(time preference) 현상, 지나치게 많거나 복잡한 정보를 처리해야 하는 상황에서 단순하고 직관적인 의사결정 방법을 찾는 휴리스틱(huristics), 더 나은 선택항이 존재하더라도 현재의 상태 그대로를 유지하려고 하는 현상유지 편향(status quo)과 동일한 가치라도 이익보다 손실의 크기를 더 크게 평가하는 손실회피(loss aversion) 편향 등의 행태를 보인다.

제한된 합리성 문제는 소비자 의사결정방식의 본질적 한계점에서 기인한 문제이기 때문에 소비자 스스로의 노력으로는 해결되기 어렵다. 잘못된 의사결정의 책임이 소비자에게 있음에도 불구하고 정부가 정책적으로 해결해야 하는 이유에 대한 의문이 제기될 수 있다. 그러나 소비자들의 편향된 선택행동이 소비자 효용을 감소시키고 있고, 그 문제가 소비자 스스로의 노력으로 해결될 수 없다면, 정책적 지원을 통해 그 문제를 해결할 필요가 있다. 이에 최근 세계 각국에서는 제한된 합리성으로 인한 문제들을 해결하기 위해 관련 소비자 교육을 강화하고 보다 효과적인 정보제공방식을 모색하는 등 다양한 소비자 지원정책을 펼치고 있다.

03 | 소비자정책의 범주와 유형

소비자정책은 상품을 구입·사용·처분하는 과정에서 소비자가 직면하게 되는 문제들을 해결하기 위해 정부가 취하는 모든 종류의 규제들을 통칭한다. 소비자정책의 범위는 시장에 존재하는 상품의 종류만큼이나 방대하기 때문에 사실상 대부분의 정부규제가 소비자정책과의 연관성을 지닌다고 해도 과언이 아니다. 그러나 소비자와 관련된 모든 정책을 소비자정책으로 볼 수는 없다. 이러한 행위는 자칫 소비자정책 고유의 역할과 기능을 약화시킬 수 있으며, 소비자정책의 필요성에 관한 논쟁을 불러일으킬 수 있다. 이하 내용에서는 구체적으로 어떤 정책을 소비자정책으로 볼 것인지, 나아가 그 정책들을 어떤 방식으로 유형화할 수 있는지 소비자정책의 범주와 유형에 관해 살펴본다.

1) 소비자정책의 범주

소비자정책의 범주에 관한 논의는 소비자에 관한 정의에서 시작할 수 있다. 먼저 소비자란 '일상생활을 유지하기 위해 소비활동을 하는 경제, 사회, 문화적 행위의 주체'를 말한다[4]. 통상의 거래 관계에 비추어 보았을 때 소비자는 사업자와 대비되는 개념으로, 사업자로부터 물품이나 용역을 제공받는 자로 일컬어진다. 과거에는 소비가 구매에 한정된 개념으로 받아들여지기도 하였으나, 오늘날 소비는 소비자들이 만족을 창출해 내기 위해 시간과 자원을 결합시키는 모든 활동을 포괄하는 보다 넓은 의미로 사용되고 있다. 이렇듯 소비자정책은 소비자들이 일상 소비생활 중에 경험하는 피해나 불만을 해결하기 위한 것이기 때문에 보호의 대상이 되는 소비자의 개념을 어떠한 관점으로 정의하느냐에 따라 그 범위가 좁거나 넓어질 수 있다.

또한 소비자정책의 범주는 정부의 시장개입이 필요한 소비자문제의 종류를 무엇으로 볼 것이냐에 따라 달라질 수 있다. 우선 소비자에게 직접적인 피해를 유발하는 행위, 예를 들어 기만과 사기, 그리고 위해제품으로부터 직접적으로 소비자를 보호하기 위한 정책을 소비자정책으로 보는 관점이다. 이 관점은 사업자의 책임 있는 사유로 인해 발생한 소비자피해 해결을 목적으로 한다는 측면에서 소비자정책에 있어 가장 고유한 영역이라 할 수 있으나, 최근 소비자정책의 흐름에 비추어 소비자정책의 범위를 지나치게 좁게 정의한다는 한계가 있다.

다음으로 소비자정책은 소비자기본법이 명시한 국가의 법적 책무들을 실행하는 행위로 받아들여지기도 한다. 소비자기본법이 명시한 국가의 책무는 크게 여섯 가지로 거래 적정화, 안전성 보장, 정보제공과 소비자교육, 피해구제, 그리고 개인정보

---

4 이기춘(2005), 디지털 시대의 소비자학, 소비자주의 그리고 소비자연구의 새 지평. 소비자정책교육연구, 1(1), 1-12.

표 **1-1** 소비자기본법상 소비자정책의 주요기능과 내용

구분	주요 내용
거래 적정화	사업자의 불공정한 거래조건이나 거래방법으로 인하여 소비자가 부당한 피해를 입지 않고 합리적인 선택을 할 수 있도록 함(제12조)
안전성 보장	각종 위해로부터 소비자를 보호하고 사업자의 소비자안전에 대한 인식을 제고함(제8조)
정보제공	소비자가 물품 등을 합리적으로 선택할 수 있도록 물품 등의 거래조건·거래방법·품질·안전성 및 환경성 등에 관한 사업자의 정보를 소비자에게 제공함(제13조제2항)
소비자교육	소비자가 올바른 권리행사를 하고 물품과 관련된 판단능력을 높이고 자신의 선택에 책임을 지는 소비생활을 할 수 있는 역량을 강화함(제14조)
피해구제	소비자의 불만을 처리하고 관련 피해를 구제함(제31조)
개인정보보호	소비자가 사업자와의 거래 과정에서 개인정보의 분실·도난·누출·변조 또는 훼손으로 인하여 부당한 피해를 입지 않도록 함(제15조)

의 보호 등이 있다(표 1-1). 일각에서는 소비자정책의 범주를 소비자정책의 주관부처인 공정거래위원회 소관업무로 보야 한다는 의견도 있는데, 이 경우 공정거래위원회 주관 업무가 아닌 개인정보보호 정책은 소비자정책의 범주에서 제외되기도 한다. 그러나 소관부처 중심의 소비자정책 영역 구분은 행정상 편의를 위한 것이며, 정책적 사각지대를 유발할 수 있다는 점에서 지양할 필요가 있다.

2) 소비자정책의 유형

소비자정책의 유형은 분류의 기준을 무엇으로 하느냐에 따라 다양하게 구분될 수 있다. 우선 소비자정책은 소비자문제의 내용에 따라 소비자정보문제, 소비자안전문제, 소비자거래문제 해결을 위한 정책으로 나눌 수 있다. 이들 정책은 문제 해결의 초점을 어디에 두느냐에 따라 다시 세분화된다. 정보문제 해결을 위한 정책은 정보의 양 또는 내용 중 어느 측면을 강조하느냐에 따라 정보공개정책과 기만정보 규제정책으로 나눌 수 있다. 안전문제 해결을 위한 정책은 정책의 초점을 예방에 둘 것이냐 또는 확산 방지에 둘 것이냐에 따라 사전예방과 사후대응 정책으로 나눌 수 있다. 거래문제 해결을 위한 정책은 불공정한 거래 환경의 원인을 무엇으로 보는가에 따라 경쟁부족, 거래지위, 거래형태의 특수성에 따른 불공정성 규제로 나눌 수 있다(그림 1-1).

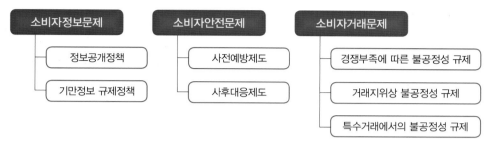

그림 **1-1** 소비자문제의 내용에 따른 소비자정책 유형의 구분

　한편 소비자정책의 유형은 구매단계에 따라 구매 전, 구매, 구매 후 정책으로 구분되기도 한다. 예를 들어 소비자안전문제 해결을 위한 정책의 경우 구매 전 단계에는 안전기준과 같은 최소품질표준 도입을 통한 사전예방 정책이, 구매 단계에는 안전하지 않은 상품의 신속한 발견을 위한 시장감시 정책이, 그리고 구매 후 단계에는 위험 제품의 빠른 회수와 발생한 피해에 대한 구제 등의 사후대응 정책이 주로 이루어진다. 소비자정보문제 해결을 위한 정책의 경우 정보공개정책은 사업자로 하여금 상품에 관한 정보를 소비자에게 충분히 제공하도록 한다는 점에서 구매 전 단계의 정책에 속하며, 기만표시 및 광고에 대한 규제는 규제의 시점이 사전에 이루어지느냐 아니면 사후에 이루어지느냐에 따라 구매 전 또는 구매 후 단계에 관한 정책으로 분류될 수 있다.

토의 과제

1. 소비자보호를 위한 정부의 정책적 개입 사례 한 가지를 고르고, 그 개입 행위가 정당하다고 생각하는지, 만약 그렇다면 그 근거는 무엇인지 서술해 봅시다.
2. 소비자정보 또는 안전문제의 사례를 찾고, 구매 전, 구매, 구매 후 세 단계로 나누어 정리해 봅시다.

2
CHAPTER

소비자정책결정

좋은 정책이란 합리적인 정책결정 과정의 산물이다. 좋은 정책을 만들기까지 정부는 끊임없는 의사결정을 해야 하며, 정책의사결정의 단계마다 최선의 선택을 하기 위해 노력한다. 그렇다면 최선의 선택을 내리기 위해 정부가 고민해야 되는 것들은 무엇일까? 본 장에서는 하나의 소비자정책이 수립되고 집행되기까지 과정을 단계별로 살펴보고, 각 단계별로 정책입안자가 고민해야 할 쟁점이 무엇인지 알아본다.

01 | 소비자정책의 결정 과정[5]

소비자정책결정 과정은 크게 정부의 시장개입 이전과 이후 두 단계로 구분되며, 이슈의 성격, 정책목표, 그 과정에서 요구되는 정책결정의 내용에 따라 다시 다섯 단계로 세분화된다(그림 2-1). 먼저, 시장개입 이전과 이후 단계를 구분해 보자. 일상 소비생활 중 발생하는 모든 문제를 소비자문제라고 볼 수는 없으며, 발생한 모든 소

---

5 "OECD(2010). 『Consumer policy toolkit』, OECD(2014). 『OECD Recommendation on Consumer Policy Decision Making』."을 참고로 작성

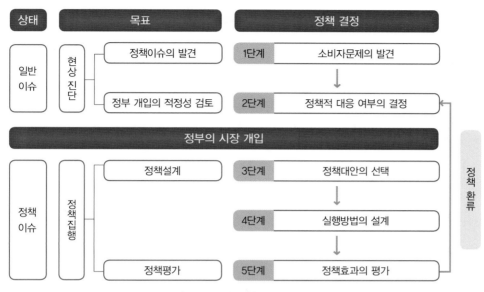

그림 **2-1** 소비자정책의 결정 과정

비자문제에 대해 정책적 개입이 필요한 것도 아니다. 때문에 소비자정책에 관한 의사결정은 문제 해결을 위해 정부가 시장에 개입할 것인지를 결정하는 것에서부터 시작된다. 이때 정부의 시장개입 여부를 결정하기 위한 과정은 크게 소비자문제의 발견, 그리고 정책적 대응여부의 결정 두 단계로 구분된다. 이 단계에서는 이미 발생했거나 아직 발생하지 않았으나 잠재적 위험성이 큰 소비자문제들을 신속하게 발견하고, 이 문제를 해결하기 위해 정부가 시장에 개입하는 것이 타당한지 여부를 판단하는 것을 목표로 한다.

다음으로 발생한 소비자문제의 해결을 위해 정부의 정책적 개입이 필요하다고 판단되었다면, 이후 단계에서는 소비자문제 해결에 적합한 정책대안을 선택하고 구체적 실행방법을 설계하며, 그 효과를 평가하는 단계로 나아간다. 이 단계의 목표는 특정 소비자문제를 가장 효율적으로 해결할 수 있는 정책의 형태를 결정하는 것이다. 이때 가장 효율적인 정책 대안을 찾는 과정은 한 번으로 끝나지 않으며, 선택된 정책대안과 실행방법의 효과를 지속적으로 평가하고 환류함으로써 더 나은 해결방법을 만들어 나가게 된다.

02 | 단계별 주요과제

소비자정책결정의 각 단계에는 고유의 목표와 이를 달성하기 위해 고려되어야 할 과제들이 존재한다. 이하 내용에서는 정책의사결정 단계별 목표와 세부 과제들을 검토하고, 그 수행과정에서 중요하게 고려되어야 할 부분들을 구체적으로 살펴본다.

1) 소비자문제의 발견

소비자정책결정 과정은 시장 내에 존재하는 소비자문제를 발견하는 것에서 시작된다. 이를 위해 정책입안자는 소비자문제의 개념을 이해하는 한편, 그 문제를 신속하게 발견하기 위한 구체적 방안을 모색할 필요가 있다.

그렇다면 소비자문제란 무엇인가? 소비자문제란 통상 소비자불만과 피해를 통칭하는 개념으로 사용된다. 구체적으로 소비자불만이란 '물품 또는 용역의 효용이나 사업자의 거래행위, 또는 사후조치가 소비자가 가졌던 합리적 기대 수준에 미치지 못하는 경우'를, 소비자피해란 '물품 또는 용역의 하자나 결함, 사업자의 채무불이행 또는 불법행위 등으로 인해 소비자에게 발생한 생명·신체·재산·정신상의 손해'를 의미한다[6]. 이때 소비자피해는 피해의 원인, 양상, 내용, 그리고 상대성 등의 기준에

표 **2-1** 소비자피해의 유형

기준	구분	예시
피해의 원인	구조적 피해	담합, 카르텔 등 경쟁제한적 기업 활동 경쟁을 저해시키는 정부의 시장 개입 조치 등
	개인적 피해	소비자 개인의 주관적 실망감, 시간 및 금전적 손실, 신체상 상해 등
피해의 양상	드러난 피해	신체상 상해, 시간 및 금전적 손실 등 인지 가능한 형태의 피해가 발생한 경우
	숨겨진 피해	물품 또는 용역의 특수성으로 인해 소비자가 피해의 발생사실을 스스로 인지하지 못하는 경우
피해의 내용	금전적 피해	하자 있는 제품의 구매비용, 제품의 수리 및 교체 비용, 문제 해결 시 소요되는 행정비용 등
	비금전적 피해	스트레스, 실망감, 당혹감 등 정신적 피해 문제 해결을 위한 시간 소요 등
피해의 상대성	취약소비자 문제	연령, 장애 여부, 지리적 여건, 교육수준 등 상대적 취약성을 지닌 특정 소비자집단이 입는 피해

6 여정성(2008). 소비자정책, 한국행정 60년 제3권, 한국행정연구원, 법문사

의해 〈표 2-1〉과 같이 세분화된다.

소비자불만과 피해의 범위는 매우 광범위하다. 그러나 앞서 논의한 바와 같이 일상소비생활 중 발생하는 모든 소비자불만과 피해가 정책집행의 대상이 되는 소비자문제에 해당하는 것은 아니다. 따라서 소비자정책을 결정하는 일련의 과정은 발생한 문제가 소비자문제인지 아닌지 검토하는 작업으로부터 시작된다.

이에 대해 소비자기본법은 보호의 대상을 '사업자가 제공하는' 물품 또는 용역으로 한정하고 있다. 이 기준에 따르면 하자 없는 물품을 소비자가 부주의하게 사용하거나 부적절하게 개조하여 사용함으로 인해 발생한 피해는 소비자기본법 상 보호대상에 해당하지 않는다. 그러나 소비자의 부주의 또는 부적절한 행동은 법률 상 보호대상은 아닐지 몰라도 소비자문제가 아니라고 보기는 어렵다. 소비자의 부주의 또는 부적절한 행동을 예방하기 위해서는 관련 정보제공과 교육이 필요하며 이는 곧 소비자정책의 영역에 해당하기 때문이다.

한편 물품 또는 사업자, 그리고 사용 또는 이용하는 자의 경계 또한 모호하다. 디지털 시장의 급격한 성장은 기존에 존재하지 않던 수많은 거래방식과 서비스 유형을 탄생시켰고, 이러한 변화는 소비자문제의 외연을 점점 더 확장시키고 있다. 한 예로 온라인플랫폼을 기반으로 급성장하고 있는 개인 간 거래(peer to peer transaction, 예: 소비자 간 중고거래, 핸드메이드 작가 등 1인 사업자)의 경우 제조 또는 판매업자는 곧 사업자라는 전통적 거래관계에 부합하지 않는 새로운 유형의 거래 방식이다. 이러한 거래방식 하에서 발생하는 소비자불만이나 피해들을 소비자문제로 보아야 하는가에 관해서는 여러 가지 견해가 존재한다.

이렇듯 소비자문제에의 해당 여부는 상황적 요인, 나아가 시대적 변화 흐름에 맞추어 유동적으로 해석될 필요가 있으며, 개별 사안별로 신중하게 고려하고 검토하여야 한다. 다만 후속 단계에서 정책적 개입 여부의 필요성을 다시 판단하게 되는 만큼 이 단계에서의 소비자문제는 현재 집행하고 있는 소비자정책의 범위 보다는 넓은, 광의의 개념으로 해석하는 것이 더 적합하다고 사료된다. 즉 신유형 소비자문제가 증가하고 있는 최근의 시대 흐름 상 다양한 소비자불만과 피해들을 포괄적으로 감시·검토하되, 정책적 개입 필요성에 대한 철저한 검증을 통해 그 범위를 제한한다면, 신유형 소비자문제에 대한 선제적 대응이 가능해지는 동시에 불필요한 정책적 개입으로 인한 부작용 또한 감소시킬 수 있을 것이다.

2) 정책적 대응 여부의 결정

시장 내에 존재하는 소비자불만 또는 피해를 발견하였고, 그 불만 또는 피해로부터 소비자를 보호할 필요가 있다고 판단하였다면, 다음은 그 문제의 해결 주체가 정부가 되어야만 하는지, 다시 말해 정부의 정책적 개입이 가장 효과적인 대응방안인지를 판단해야 한다. 시장 내에서 발생하는 모든 문제를 정부가 해결해야 하는 것은 아니다. 전통경제학의 논리에 따르면 정부의 시장개입은 최소화되어야 하며, 그 수준이 지나칠 때에는 심각한 부작용을 일으킬 수 있다. 즉 소비자문제가 발견되었다 하더라도 그 문제의 해결방법이 반드시 정부의 시장개입이 되어야 하는 것은 아니다. 때로는 정부가 직접 개입하지 않고 시장 스스로 자정능력을 발휘하도록 지켜보고 유인하는 것(no interruption)이 더 나은 해결방법이 될 수도 있다. 그러므로 시장에 개입하기 전에 정부는 시장개입으로 인해 발생할 수 있는 부작용은 없는지, 시장개입의 긍정적 효과가 투입되는 정책비용에 비해 충분히 큰지 등을 충분히 고려하여야 한다.

모든 정책에는 비용이 수반된다. 또한 정책 집행 시 활용 가능한 인적, 금전적 자원은 한정적이다. 때문에 정책 집행자들은 정책적 개입이 필요한 소비자문제들 사이에 우선순위를 정하지 않을 수 없다. 이 우선순위를 결정할 때 가장 먼저 고려되는 요인이 바로 문제의 심각성, 다시 말해 소비자불만 또는 피해의 규모이다. 소비자문제의 심각성에 대한 판단은 소비자피해의 양상과 크기에 대한 분석결과를 근거로 이루어진다. 피해분석 시에는 피해의 내용이 무엇인지, 그 문제로 인해서 영향을 받는 소비자의 수가 어느 정도인지 고려해야 한다. 이때 피해의 내용에는 경제적 손실뿐 아니라 신체적 상해, 시간손실 등 비금전적 요인들이 함께 포함되며, 피해의 수준을 가늠하기 위해 상해와 시간의 가치를 손실액 등으로 계량화하여 사용하기도 한다. 경우에 따라서는 피해의 내용, 피해자 수 이외에도 발생한 소비자피해가 특정 집단 혹은 계층에 특별히 집중되지 않는지, 발생한 피해가 얼마나 오랫동안 지속될 것인지 등도 중요한 고려요인이 된다.

3) 정책대안의 선택

발생한 소비자문제에 대한 정책적 대응이 필요한 것으로 판단되었다면, 다음은 그 문제를 해결하기에 가장 적합한 정책대안(policy alternatives)을 선택하는 단계이다. 이 과정에서 정책 집행자는 발생한 소비자문제의 원인을 파악하고, 그 원인을 해결하기 위해 선택 가능한 정책대안들을 탐색하며, 충분한 논의와 검증을 거쳐 그 대안들 가운데 가장 효율적인 정책대안을 선택하게 된다.

적절한 처방은 정확한 진단으로부터 나온다. 정책의 실효성 또한 발생한 문제의 원인을 얼마나 정확하게 파악하느냐에 따라 달라진다. 즉 발생한 소비자문제를 해결하기에 가장 적합한 정책대안을 찾기 위해서는 해당 소비자문제가 왜 발생하였는지 그 원인을 진단하는 작업이 먼저 수행되어야 한다. 이때 소비자문제의 원인을 진단함에 있어서는 인적 요인과 함께 시대, 문화, 제도 등의 환경적 요인이 복합적으로 고려되어야 하며, 정확한 진단을 위해 통계 자료의 분석, 전문가 심층면접, 소비자조사의 수행 등 연구 활동이 병행된다.

소비자문제 해결을 위한 정책대안의 종류는 문제의 발생원인 만큼이나 그 범위와 종류가 다양하지만, 정책대안의 선택 단계에서는 발견된 소비자문제에 대한 정책적 접근의 방향성을 설계하는 데 주안점을 둔다. 정책의 방향성을 설계하기 위해서는 시장개입의 방식과 대상을 결정해야 한다. 먼저 시장개입의 방식이란 소비자문제 해결을 위해 정부가 어떠한 전략으로 시장에 개입할 것인가에 관한 선택을 말한다. 예

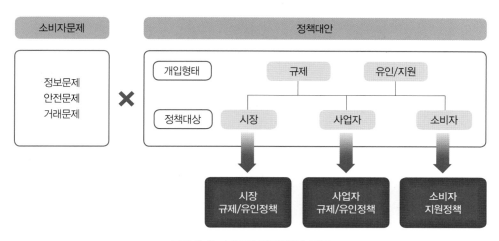

그림 **2-2** 소비자정책대안의 종류

를 들어 정부는 소비자문제 해결을 위해 사업자 또는 소비자의 부정적 행태를 직접적으로 제재하는 규제정책을 펼칠 수도, 시장주체들을 긍정적 방향으로 변화시키기 위한 유인 또는 지원정책을 펼칠 수도 있다. 다음으로 정책대상이란 정책적 개입을 통해 변화시킬 대상을 의미한다. 소비자문제의 발생은 환경적 요인(시장)에서 기인할 수도, 사업자 또는 소비자의 행태에서 기인할 수도 있다. 즉 해결하고자 하는 문제의 원인이 어디에 있느냐에 따라 정책대상 또한 달라진다.

예를 들어 제품 관련 소비자 안전사고가 증가하고 있고 그에 대한 정책적 대응이 필요한 경우를 생각해 보자. 우선 정책 집행자는 제품 안전성 평가 절차를 강화하고 이 절차를 준수하지 않는 사업자에 대한 규제수준을 강화할 수도 있다(사업자 규제정책). 다음으로 강화된 안전성 평가 절차를 준수하는 사업자를 안전성우수기업으로 인증할 수도 있다(사업자 유인정책). 또는 소비자 스스로 보다 안전한 제품을 고를 수 있도록 안전인증제도를 시행하는 동시에 관련 교육을 강화할 수도 있다(소비자 지원정책). 이렇듯 정부는 발생한 소비자문제의 원인에 대한 판단을 바탕으로 누구에게, 어떠한 형태의 제재 또는 지원을 행할 것인지 선택하게 되며, 이러한 선택들의 조합이 곧 정책대안의 종류가 된다.

4) 실행방법의 설계

정책대안, 즉 정책의 방향성에 대한 설계가 이루어졌다면, 다음으로는 그 대안을 실행하기 위한 구체적 실행방법을 설계해야 한다. 정책대안의 실행방법을 설계함에 있어서는 규제수준과 제도의 형태, 그리고 이 제도를 운영하기에 가장 적합한 추진 주체가 누구인지 고민할 필요가 있다. 먼저 규제수준은 시장, 사업자, 또는 소비자의 행태를 정부가 계획한 방향으로 변화시키기 위해 얼마만큼의 제재를 가할 것인지에 관한 선택을 말한다. 제재의 종류는 강제성의 수준에 따라 세분화되는데, 구체적으로 권고 또는 경고와 같이 규제대상에게 변화의 필요성을 알릴 뿐 강제하지 않는 경우와, 사업자면허취소, 벌금, 징역과 같이 정부가 제시한 요건을 충족하지 않을 때 처벌 또는 불이익을 가하는 경우가 있다.

다음으로 제도의 형태란 선택된 정책대안을 실현하기에 가장 적합한 방법론적 접근법에 관한 논의이다. 예를 들어 소비자들이 보다 안전한 제품을 스스로 선택할 수 있도록 더 많은 안전정보를 공개하기 위한 정책을 실행해야 한다고 가정해 보자.

이 경우 정책 집행자는 정보량 측면에서 제품에 포함된 성분 전부를 표시하는 전성분 표시제도를 도입할 것인지, 혹은 정보의 활용성 측면에서 일정기준을 충족하는 제품만을 선별하여 표시하는 안전인증 표시제도를 도입할 것인지 선택할 수 있다. 두 제도 모두 각각의 장점과 단점을 지니는데, 전성분 표시제도는 소비자에게 더 많은 정보를 제공할 수 있으나 많은 정보량을 제한된 면적에 제시하게 되어 가독성이 떨어진다는 단점을 지니고 있다. 반면에 안전인증 표시제도는 소비자가 쉽고 빠르게 알아볼 수 있으나, 정보의 내용이 지극히 한정적이고 인증제도의 신뢰성에 관한 문제가 발생할 수 있다는 단점을 지닌다. 이처럼 모든 실행방법에는 장단점이 있으므로, 정책 집행자는 선택 가능한 제도들의 장점과 단점, 그리고 달성하고자 하는 정책목표 등을 종합적으로 고려하여 정책을 설계해야 한다.

마지막으로 추진주체의 선택은 설계된 정책을 가장 효율적으로 집행할 수 있는 정부기관을 결정하는 작업이다. 소비자정책은 소비생활 전반의 문제를 포괄하는 정책 분야인 만큼 다양한 정부부처에서 도입하여 집행하고 있다. 상품의 종류, 규제 대상 행위의 내용에 따라 서로 다른 법률과 소관부처에 의해 관리되는데, 때로는 모호한 선정기준으로 인해 동일한 제도가 서로 다른 부처에 의해 중복적으로 운영되기도 한다. 집행과정에서의 혼란을 예방하기 위해서는 정책의 설계 단계에서부터 그 정책을 가장 효율적으로 집행할 수 있는 추진주체를 명료히 할 필요가 있다.

추진주체의 결정은 통상 법률의 제정과 함께 이루어지는 경우가 많으며, 정부조직 체계의 변화 또는 법 개정 시 필요에 따라 소관부처가 변경되기도 한다. 추진주체를 결정할 때에는 부처 내 타 업무와의 연계성, 전문성 등이 고려되며, 정치적 요인의 영향을 받기도 한다. 소비자정책은 그 특성상 하나의 시장 또는 소비자문제를 개선하는 경우에도 다수의 부처가 연관되어 있는 경우가 많다. 따라서 효율적인 정책집행을 위해서는 정책설계 단계에서부터 부처 간 협력방안 또는 총괄추진체계를 설계하는 작업이 병행되어야 한다.

5) 정책효과의 평가

완벽한 정책이란 존재하기 어렵다. 다양한 영향요인, 다수의 이해관계자들을 고려해야 하는 소비자정책의 경우에는 더더욱 그러하다. 신중한 의사결정과정을 거쳐 도입된 정책이라 하더라도 의도했던 소비자문제를 해결하지 못할 수도, 그 효과가 예상했던 수준에 미치지 못할 수도, 예상치 못한 부작용을 일으킬 수도 있다. 그러므로 소비자정책에 관한 의사결정은 새로운 정책을 설계하는 단계뿐 아니라 정책집행의 결과를 모니터링하고 정책의 지속추진 여부 또는 개선의 필요성 등을 가늠하는 단계까지 포괄해야 한다.

아무리 중요한 정책이라도 그 정책이 목표했던 바를 달성하지 못했다면 경우에 따라 해당 정책을 폐지하거나 전면 개선해야 한다. 판단을 위해 도입된 정책이 목표로 했던 소비자문제를 해결하였는지 정책의 효과성을 평가하는 단계를 거친다. 정책이 의도했던 목표를 달성했는지 여부를 판단할 때에는 판단의 시기와 달성 기준을 무엇으로 할 것인지에 대해 고민하게 된다. 예를 들어 담배에 도입된 그림경고표시의 효과를 측정한다고 할 때, 정책 평가자는 평가의 시기를 제도 도입 이후 1년으로 할 것인지 10년으로 할 것인지, 효과평가의 기준을 흡연자 수로 볼 것인지 담배 소비량으로 볼 것인지에 대해 결정해야 한다. 이렇듯 정책평가의 시기와 기준은 평가의 결과를 좌우하는 매우 중요한 변수가 된다.

도입된 정책이 목표로 했던 소비자문제를 원만히 해결했다 하더라도, 문제의 해결을 통해 얻은 편익이 소요된 비용에 비해 지나치게 적다면 그 정책이 효율적으로 기능하고 있다고 보기 어렵다. 이 경우 도입된 정책이 목표로 했던 소비자문제를 해결하기에 가장 효율적인 정책이었는지, 더 적은 비용으로 더 큰 정책효과를 얻을 수 있는 다른 방안은 없는지 정책의 효율성을 검토하는 과정이 필요하다.

정책의 성과와 소요된 비용을 비교하여 평가하는 방법으로는 비용편익분석(cost-benefit analysis)이 있다. 비용편익분석에서는 일반적으로 투입과 산출을 비교하여 정책의 효율성을 평가하는데, 이때 투입은 해당정책을 실행하는 데 소요된 비용, 산출은 정책의 집행으로 얻어진 효과나 편익으로 산정된다. 비용편익분석은 매우 효과적인 정책평가방법의 하나이지만, 정책의 효과가 화폐화 내지는 계량화되기 어려운 경우에는 적합하지 않을 수도 있다.

이렇듯 다양한 관점에서 이루어진 정책평가의 결과물은 정책결정의 각 단계로 환류되어, 지속할 필요성이 있는 정책과 그렇지 못한 정책, 혹은 수정이 필요한 정책 등을 판별하는데 사용된다. 정책효과의 평가와 환류는 더 나은 정책이 꼭 필요한 적재적소에 적용될 수 있도록 해준다는 점에서 정책적 개입의 성공 여부를 가늠하는 매우 중요한 과정이라고 할 수 있다.

1. 정책적 개입이 필요하다고 판단되는 소비자문제 하나를 골라 그 문제에 가장 적합한 정책대안과 실행방법 등을 직접 설계해 봅시다.

2. 이미 시행중인 소비자정책 사례 중 한 가지를 골라 그 정책의 효과성과 효율성을 각각 평가해 봅시다.

우리나라의 소비자정책

01 | 소비자정책기구와 추진체계[7]

우리나라의 소비자정책은 소관품목별 규제체계의 특성상 거의 모든 정부부처들에 의해 수립, 집행되고 있다. 소비자정책위원회는 이들 각 부처가 추진하는 소비자정책들이 종합적이고, 체계적으로 집행될 수 있도록 정책 전반을 총괄, 심의, 의결하며, 공정거래위원회는 간사로서 그 업무를 지원한다. 각 지방자치단체에는 지방소비자정책의 심의·의결을 위한 별도의 지방소비자정책위원회가 설치되어 있으며, 정책의 실질적 집행은 광역자치단체의 유관부서들이 담당하고 있고, 이러한 업무를 지방소비생활센터가 지원하고 있다.

현재와 같은 형태를 갖추기까지 소비자정책 추진체계는 두 번의 큰 변화기를 거쳤다. 먼저 2008년 재정경제부와 공정거래위원회로 이원화되어 있던 소비자정책 추진기능이 공정거래위원회로 일원화되었다. 이 과정에서 공정거래위원회는 소비자정책 담당 부서의 명칭을 소비자본부에서 소비자정책국으로 변경하였고, 재정경제부 산

---

[7] "여정성·최종원·장승화(2008). 소비자와 법의 지배. 서울대학교출판사."를 참고로 작성

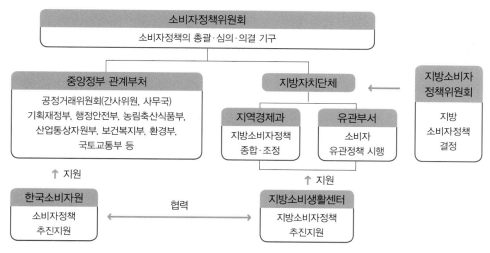

그림 **3-1** 우리나라 소비자정책의 추진체계

하에 있던 한국소비자원 또한 공정거래위원회 소관으로 이전되었다. 이로써 공정거래위원회는 소비자관련 법률의 제·개정 권한을 갖추는 한편, 소비자권익실현을 위한 업무 전반을 포괄하는 소비자정책 추진기구가 되었다. 두 번째로 2017년에는 소비자정책 전반을 심의·의결하는 소비자정책위원회가 기존의 공정거래위원회 소속에서 국무총리 소속으로 그 지위가 격상되었다. 이러한 변화는 소비자정책 전반을 총괄하는 기구로서 소비자정책위원회의 실질적 기능을 강화하고, 정부부처 내 소비자정책의 위상을 강화하기 위한 것이었다.

그러나 아직까지도 우리나라의 소비자정책 추진체계는 여러 부문에서 개선되어야 할 점이 많다. 특히 소비자정책위원회를 중심으로 한 범정부 차원의 통합적인 소비자정책 추진체계에 대한 다각적인 보완 노력이 필요하다. 다수 부처들이 산발적으로 추진하고 있는 소비자정책들이 소비자정책위원회의 총괄 하에 종합적으로 수립, 집행, 모니터링 될 수 있도록 해야 하며, 이러한 기능이 원활히 수행될 수 있도록 그에 상응하는 행정력을 갖출 필요가 있다. 이는 각 지방자치단체에 소속된 지방소비자정책위원회의 경우에도 마찬가지이다. 현재 각 지방자치단체에 설치된 지방소비자정책위원회는 인적·물적 자원의 한계로 위원회 개최가 거의 이루어지지 않고 있고, 소비생활센터의 운영 여건 또한 열악하다. 따라서 중앙과 지방정부의 소비자정책 추진기구들이 실질적 기능을 수행할 수 있도록 하기 위한 적절한 행정적 지원 방안이 모색될 필요가 있다.

02 | 소비자관련법

우리나라 소비자정책 관련 법제로는 「소비자기본법」과 같이 소비자주권 향상을 주 목적으로 제정된 법률들과, 법률의 기능 또는 관리 품목에 소비자 관련 규정이 포함되어 있는 개별법들이 있다. 먼저 소비자보호를 주된 목적으로 하는 법률에는 공정거래위원회 소관 법률들이 포함된다. 협의의 의미로는 소비자정책국 소관법률인 「소비자기본법」, 「약관규제법」, 「표시광고법」, 「방문판매법」, 「전자상거래법」, 「할부거래법」, 「소비생활협동조합법」 및 「제조물책임법」만이 해당하겠으나, 「공정거래법」, 「하도급법」, 「대규모유통사업법」, 「가맹사업법」, 「대리점업법」 또한 공정한 시장환경 조성을 통한 소비자 보호를 법률의 목적으로 하고 있는 바 넓은 의미에서 소비자관련법에 해당한다고 볼 수 있다.

한편 공정거래위원회 소관 법률 이외에도 다양한 법률들이 소비자 관련 규정을 포함하고 있다. 우리나라 소비자관련법의 범위와 분류 방안에 관한 이혜연·여정성

표 3-1 소관부처별 소비자관련법 예시

민법, 상법, 소비자기본법		
거래	상품관련법[1]	
표시광고법 약관법 방문판매법 전자상거래법 할부거래법	식품	식품안전기본법, 식품위생법, 건강기능식품법, 농산물품질관리법, 축산물관리법, 먹는물관리법 등
	의약품, 화장품	약사법, 의료기기법, 화장품법 등
	자동차, 운송	자동차관리법, 여객자동차운수법, 항공안전법, 해운법, 철도사업법 등
	공산품	제품안전기본법, 전기생활용품안전법 등
시장환경	레저문화	수상레저안전법, 산림문화휴양법, 체육시설설치이용법 등
공정거래법 독점규제법 하도급법 대규모유통업법 가맹사업법 대리점법	교육서비스	학교보건법, 유아교육법, 학원법 등
	법률서비스	변호사법 등
	금융서비스	은행법, 보험업법, 여신전문금융법, 대부업법, 자본시장법 등
	의료서비스	의료법 등
	기타서비스	결혼중개업법, 노인장기요양법, 계량법, 우편법 등
기타	개인정보	개인정보보호법, 신용정보법, 정보통신망법, 위치정보법 등
제조물책임법 생활협동조합법	시설안전	승강기안전법, 다중이용업소안전법, 어린이놀이시설안전법, 실내공기질관리법 등

1) 품목별로 대표 법률을 선별하여 정리한 것임. 소비자 관련 법령의 범위는 제시된 것보다 훨씬 더 광범위함

(2011)[8]의 연구에 따르면 당시 우리나라의 소비자관련법은 총 344개로 연구 당시 전체 법률의 약 23.9%에 이르렀다. 소비자관련법의 범위가 이토록 넓은 것은 우리나라의 제품규제가 품목별로 서로 다른 법률에 의해 이루어지고 있기 때문으로, 개별 품목에 관한 법률들은 안전, 거래, 표시·광고, 교육, 피해구제 등 다수의 소비자보호 기제들을 복합적으로 포함하고 있다.

03 | 소비자정책기본계획

"소비자정책기본계획"이란 중앙행정기관 및 지방자치단체가 소비자의 권익증진 및 소비생활 향상을 목적으로 수립하는 3년 단위의 정책 계획을 말한다. 공정거래위원회의 총괄 하에 관계 중앙행정기관과 지방자치단체의 의견을 반영하여 수립하며, 소비자정책위원회의 심의·의결을 거쳐 그 내용이 최종 확정된다. 2009년 제1차 기본계획을 시작으로 현재까지 총 4차에 걸쳐 기본계획을 수립하여 추진하고 있다.

표 **3-2** 제1~4차 소비자정책기본계획의 주요내용

구분	비전	기본방향·핵심전략
제1차 ('09~11)	실질적인 소비자주권의 실현	① 믿을 수 있는 시장 구축 ② 역량 있는 소비자 육성 ③ 책임지는 기업문화 확산 ④ 효율적·능동적 정책 추진
제2차 ('12~14)	소비자가 주역이 되는 시장 구현	① 안전한 소비환경 구축 ② 신뢰할 수 있는 거래환경 조성 ③ 소비자교육 및 정보 제공의 효율화 ④ 소비자 피해의 원활한 구제 ⑤ 소비자와 기업의 상생 기반 조성 ⑥ 효율적인 소비자정책 추진
제3차 ('15~17)	소비자가 함께 만드는 더 나은 시장	① 창조경제시대에 걸맞은 소비자역량 지원 강화 ② 안심하고 신뢰할 수 있는 시장환경의 확대 ③ 소비자정책의 글로벌 민관협력체계 구축
제4차 ('18~20)	소비자 중심의 공정한 시장환경 조성	① 소비가치를 주도하는 역량 있는 소비자 양성 ② 안전하고 신뢰할 수 있는 시장 구현 ③ 소비자권익을 증진하는 협력 기반 정책 추진

---

8 이혜연·여정성(2011). 우리나라 소비자관련법의 범위와 분류. 소비자정책교육연구, 7(3), 1–26.

〈표 3-2〉는 제1차에서 제4차까지 회차별 기본계획의 개괄적 내용을 정리한 것이다.

"소비자정책기본계획"은 중앙과 지방, 그 외 다수의 행정기관에서 산발적으로 수행되는 소비자정책 전반의 추진방향을 설계하고 정책과제의 집행실적을 통합적으로 모니터링 할 수 있도록 해준다는 점에서 그 역할과 의의가 매우 크다. 특히 2017년 소비자정책위원회의 지위가 국무총리 소속으로 격상되고, 2019년 소비자정책종합시행계획의 이행실적 평가가 본격적으로 시행됨에 따라 정책 기본계획으로서의 영향력과 실효성을 강화에 대한 기대가 커지고 있다.

> **토의 과제**
>
> 1. 공정거래위원회 소관법률을 제외한 소비자관련 법 중 하나를 골라 소비자정책과 관련된 조항을 찾아봅시다.
> 2. 최신 소비자정책기본계획의 내용을 살펴보고 그 내용을 비판적으로 평가해 봅시다.

소비자정책

: 이론과 정책설계

소비자정보문제 해결을 위한 정책

소비자정보문제란 '시장 내에 관련 정보의 양이 충분하지 않거나 그 내용에 허위, 과장 또는 기만의 가능성이 있어 소비자들이 주어진 정보를 바탕으로 합리적 선택을 내리기 어려운 현상'을 말한다. 양질의 정보는 소비자의 합리적 의사결정을 돕고, 그 의사결정들을 바탕으로 시장이 원활히 기능하도록 하기 위해 필요한 핵심요건이며, 소비자정보문제는 이 요건을 충족시키기 위해 해결되어야 할 선결과제이다. 제2부에서는 소비자정보문제 해결을 위한 정부의 정책적 노력에 대해 살펴본다.

소비자정보문제와 소비자정책

소비자정보문제란 무엇을 의미하며, 어떠한 정책적 대응을 필요로 하는가? 본 장에서는 소비자정보문제의 구체적 양상을 살펴보고, 각각의 문제 해결을 위해 요구되는 정책적 접근방법에 관해 살펴본다.

01 | 소비자정보문제의 주요쟁점

소비자정보문제란 '시장 내에 관련 정보의 양이 충분하지 않거나 그 내용에 허위, 과장 또는 기만의 가능성이 있어 소비자들이 주어진 정보를 바탕으로 합리적 선택을 내리기 어려운 현상'을 말한다. 소비자정보문제는 거의 모든 소비자정책을 정당화시키는 매우 강력한 근거이다. 그러나 모든 종류의 소비자정보문제를 정책적 개입으로 해결하는 것은 자칫 예상치 못한 부작용을 일으킬 수 있으며, 불필요한 사회적 비용을 유발할 수 있다. 이에 이하 내용에서는 정책적 개입이 요구되는 소비자정보문제의 종류는 무엇이며, 정책적 개입이 필요한 이유는 무엇인지에 관해 살펴본다.

1) 정보의 비대칭성

완전정보 상태가 되기 위해서는 소비자가 필요로 하는 모든 정보를 충분히 가진 상태로 구매선택을 내릴 수 있어야 한다. 가능한 일일까? 그렇지 않다. 현실의 시장에서 소비자들은 정보의 비대칭성을 경험한다. 정보의 비대칭성(information asymmetry)이란 거래의 두 당사자, 다시 말해 사업자와 소비자가 가지고 있는 정보의 양 또는 질적 수준이 동등하지 않음으로 인해 비합리적 소비행태가 나타나는 상황을 말한다.

정보의 비대칭성은 정보의 내용에 따라 가격과 품질 두 가지 차원에서 달리 나타난다. 먼저 가격정보의 비대칭성은 정당한 이유가 없음에도 동일한 품질의 상품이 서로 다른 가격에 판매되는 현상을 말한다. 시장이 완전정보 상태라면, 다시 말해 소비자가 판매자와 대등한 수준의 가격정보를 가지고 있다면, 동일한 품질의 제품들은 가장 낮은 가격에 판매되어야 한다. 그러나 현실의 시장에는 동일한 제품들이 서로 다른 가격에 판매되는 현상, 가격분산(price dispersion)이 존재한다. 다만 모든 가격분산이 소비자에게 해로운 것은 아니다. 예를 들어 편의점에서는 많은 상품들이 일반 마트보다 비싼 가격에 판매되지만, 소비자들은 비싼 가격을 지불하는 대신에 하루 중 언제든 편한 시간에, 좀 더 가까운 위치에서 상품을 구매할 수 있다. 문제는 정당화 되지 않는 가격분산이다. 그 제품이 더 저렴한 가격에 판매되고 있다는 사실을 미리 알았더라면 선택하지 않았을 상품, 다시 말해 아무런 이점 없이 비싼 가격에 구매한 상품은 소비자효용을 저감시킨다.

다음으로 품질정보의 비대칭성은 소비자에 비해 판매자가 월등히 많은 품질정보를 지님으로 인해 소비자가 품질이 좋지 않은 상품을 필요 이상의 가격을 지불하고 구매하게 되는 현상을 말한다. 이에 관한 사례로는 중고차 시장이 대표적이다. 중고차는 그 특성상 소비자에 비해 판매자가 월등히 많은 품질정보를 지닌다. 판매자들은 구매자들을 유인하기 위해 품질에 관한 부정적 정보를 감추며, 소비자들은 자동차의 외관과 같은 표면적 정보를 바탕으로 제품의 품질을 유추한다. 결과적으로 중고차 시장에서 소비자들은 바람직하지 않은 구매 선택, 다시 말해 역선택을 하기 쉬우며 반복적인 역선택의 결과로 시장에는 부실한 품질의 상품들만 남게 된다. 품질정보의 비대칭성 문제는 소비자들로 하여금 질 나쁜 상품을 더 높은 가격에 구매하도록 하는 한편, 좋은 품질의 제품을 판매하기 위한 사업자의 노력을 무의미하게 만든다는 점에서 소비자와 사업자 모두에게 비효율적이다.

현실의 시장에서 소비자는 판매자에 비해 양적으로나 질적으로나 부족한 정보력을 지닐 수밖에 없다. 이와 같은 현상은 시장의 구조적 문제에서 기인한 것으로 소비자 개인의 노력만으로 해결되기 힘든 사회문제에 해당한다. 따라서 소비자가 최적 선택에 이르고, 시장이 원활히 작동하도록 하기 위해서는 가격과 품질정보 비대칭성 문제를 완화시키기 위한 정부의 정책적 개입이 필요하다.

2) 소비자기만

시장에 소비자가 활용 가능한 충분한 양의 정보가 존재한다면, 그것으로 소비자들은 최적의 선택을 내릴 수 있을까? 그렇지 않다. 만약 사업자가 허위 또는 과장된 정보를 제공하거나, 자신에게 불리한 정보를 의도적으로 숨기거나 빠뜨리는 등 소비자기만행위를 한다면 소비자는 왜곡된 정보를 바탕으로 비합리적인 구매선택을 내리게 된다. 여기서 소비자기만이란 허위, 과장, 은닉, 누락 등의 방법으로 소비자를 오도하거나 그럴 우려가 있는 경우를 말한다. 다만 시장에 존재하는 모든 소비자기만 행위가 규제의 대상이 되지는 않는다. 자유경쟁시장에서 판매자는 상품의 장점을 부각시키고 단점은 축소하는 방식으로 소비자를 유인하며, 넓은 의미에서 이 행위는 기만에 해당하지만, 이들 모두를 규제대상으로 삼는다면 시장에서는 정상적인 거래행위가 이루어지기 어렵기 때문이다.

특정 행위가 소비자기만인지 아닌지, 어느 수준까지를 규제대상으로 볼 것인지에 관해서는 학자마다, 그리고 국가마다 서로 다른 기준을 사용한다. 구체적으로 소비자기만 행위는 크게 다섯 종류로 구분된다. 첫 번째, 사업자가 허위사실을 주장한 경우, 두 번째, 사업자가 소비자로 하여금 잘못된 신념을 가지게 한 경우, 세 번째, 사업자가 소비자가 잘못된 신념을 가지게 되었음을 알면서도 방치한 경우, 네 번째, 소비자 오도 여부와 관계없이 사업자가 중요한 정보를 누락한 경우, 다섯 번째, 사업자가 상황에 따라 적절해질 수도 있었던 정보를 공개하는 데 실패한 경우가 그것이다.

이들 다섯 종류의 기만행위들 중 어디까지를 규제대상으로 볼 것인가는 곧 규제수준에 관한 결정을 의미한다. 규제의 목적 중 하나는 부적절한 행위의 종류를 판별하고 잠재적 행위자들이 그와 같은 행위를 반복하지 않도록 경고하는 것이다. 즉 소비자기만에 관한 규제수준 결정 문제는 사회적으로 허용 가능한 수준의 판매촉진 행위와 그렇지 않은 행위 사이의 기준을 정하는 문제라고 할 수 있다. 수많은 사업자들이 각양각색의 판매촉진 행위들을 하는 상황 속에서 이와 같은 기준을 정하는 것은 매우 어려운 일이다.

기만은 소비자들의 합리적 구매 선택을 의도적으로 저해하는 가장 직접적인 위법행위이다. 기만행위로 인해 소비자들은 경제적, 나아가 건강상의 피해를 입을 수 있으며, 진실하지 않은 정보들이 시장에 존재함으로 인해 소비자들은 더 많은 탐색비용을 부담하게 된다. 따라서 기만행위로 인한 소비자피해를 사전에 예방하고, 개인 소비자의 합리적 구매선택을 바탕으로 하는, 건강한 시장경제를 만들기 위해서는 소비자기만행위에 대한 지속적인 감시와 규제가 필요하다.

02 | 소비자정보문제에 대한 접근방법

그렇다면 앞서 살펴본 소비자정보문제들을 해결하기 위해 정부는 어떠한 정책적 노력을 기울여야 할까? 이하 내용에서는 소비자정보문제 해결을 위한 정책적 접근방법의 종류와 내용을 개괄적으로 살펴본다.

1) 정보제공

정보제공(information disclosure)은 소비자와 사업자 사이에 존재하는 정보의 비대칭성 문제를 해소하기 위한 정책적 접근방법이다. 완제품 소비가 보편화된 산업사회에서 소비자는 상품의 가격, 품질 등 모든 면에서 사업자에 비해 열등한 정보 접근성을 지닌다. 정책적 개입이 없다면, 소비자는 사업자가 공개하는 정보에 전적으로 의존할 수밖에 없으며, 사업자는 상품에 관한 부정적 정보는 은폐하고 긍정적 정보만을 선택적으로 공개할 수 있게 된다. 이에 정부는 각종 규제와 제도들을 통해 가격, 성분, 안전 등 상품을 구매 또는 사용할 때 소비자가 알아야 할 주요정보들을 사업자로 하여금 의무적으로 공개하도록 하고 있다. 한편 정부는 품질정보의 비대칭성 문제를 해소하기 위해 인증표시, 등급표시와 같이 소비자들이 쉽고 직관적으로 이해할 수 있는 다양한 품질정보 제공제도도 함께 운영하고 있다.

2) 기만정보에 대한 규제

기만정보(deceptive information)규제란 허위, 과장, 또는 기타의 방법으로 소비자를 오도하는 정보를 제공하는 행위에 대해 취해지는 법적 제재를 말한다. 정보제공이 소비자가 필요로 하는 정보를 시장에 충분히 존재하도록 하는 일종의 양적 규제라면, 기만정보에 대한 규제는 정보의 내용적 측면에서 부당성을 검토하는 일종의 질적 규제라고 할 수 있다. 기만정보규제의 종류는 기만성 판단의 주체가 누구인지, 판단의 시점이 언제인지에 따라 각각 자율과 타율, 사전과 사후규제로 나뉜다. 또한 정부는 기만정보로 인한 소비자피해 예방과 보상을 위해 기만성 심사 도중인 표시·광고에 대한 임시중지명령, 표시·광고내용 실증 요구, 기만행위에 대한 시정조치명령 등의 제도를 사용하고 있다.

토의 과제

1. 소비자정보문제의 주요쟁점에 관한 아래의 논문들 중 하나를 찾아 읽고 그 내용과 의의를 정리해 봅시다.

   1) 가격정보의 비대칭성 문제

   Maynes, E. S. & Assum, T. (1982). Informationally Imperfect Consumer Markets: Empirical Findings and Policy Implications. *Journal of Consumer Affairs*, 16(1), 62–87.

   2) 품질정보의 비대칭성 문제

   Akerlof, G. A. (1978). The Market for "Lemons": Quality Uncertainty and The Market Mechanism. *Quarterly Journal of Economics*, 89, 488–500.

   3) 소비자기만 문제

   Beales, H., Craswell, R., & Salop, S. C. (1981). The Efficient Regulation of Consumer Information. The *Journal of Law and Economics*, 24(3), 491–539.

2. 자신이 경험한 소비자정보문제 한 가지를 소개하고, 그 문제를 해결하는 데 적합한 정책적 접근방법은 무엇일지 생각해 봅시다.

정보제공정책

합리적 선택을 내리기 위해 소비자들은 상품에 관한 정보를 필요로 한다. 그러나 산업화된 생산 환경에서 상품정보는 사업자의 통제 하에 있으며, 소비자는 사업자가 제공하는 정보에 의존할 수밖에 없다. 이러한 환경에서 사업자는 관련 정보를 제공하지 않거나 자신에게 유리한 정보만을 선택적으로 공개하는 방식으로 소비자를 오도할 수 있다. 정보제공정책(information disclosure)은 이러한 문제를 해결하기 위해 도입된 각종 규제와 제도들을 일컫는 것으로 사업자로 하여금 소비자가 필요로 하는 주요정보를 빠짐없이 정확하게 제공하도록 한다. 이하 내용에서는 소비자에게 주요정보를 의무적으로 제공하도록 하는 정보제공정책으로써 표시제도에 관해 좀 더 집중적으로 살펴본다.

01 | 정보제공방법

소비자들이 사업자로부터 상품에 관한 정보를 제공받는 방식에는 표시, 그리고 광고가 있다. 이때 표시(labelling)란 상품의 용기, 포장, 첨부물, 사업장의 게시물 또는 상품에 관한 권리증서에 상품에 관한 주요정보를 문자, 숫자 또는 그림으로 나타내는 것을, 광고(advertising)란 상품에 관한 정보를 여러 매체를 통해 소비자에게 널리 알리거나 제시하는 행위를 말한다.

표시와 광고는 전달되는 정보의 내용과 방식은 다를 수 있으나, 공통적으로 소비자에게 상품에 관한 정보를 제공하는 정보제공원으로 기능한다. 흔히 광고의 목적이 판매촉진에 국한된다고 받아들여지고 있으나, 광고 또한 소비자들이 비용을 지불하는 행위라는 점에서 소비자들에게 유용한 정보를 제공할 의무가 있다. 다만 현재 표시와 광고에 대한 규제는 서로 다른 방식으로 이루어지고 있다. 표시규제의 경우 사업자로 하여금 소비자에게 주요정보를 빠짐없이 공개할 의무를 부과하는 방식으로 이루어지는 반면, 광고규제는 사업자가 자유롭게 광고의 내용과 방식, 매체 등을 결정하되 그 내용이 부당한 것일 때에 규제하는 방식으로 이루어진다. 즉 협의의 관점에서 정보제공정책이란 사업자에게 정보제공의 의무를 강제적으로 부과하는 표시규제를 지칭하며, 광고규제는 표시 또는 광고의 내용에 대한 규제, 다시 말해 부당한 표시·광고규제의 일부로 다루어진다. 이에 이하 내용에서는 정보제공정책으로서 표시제도에 관해 보다 상세히 알아본다.

02 | 표시제도

표시는 정보제공정책의 대표적 수단이자 소비자가 가장 쉽게 접할 수 있는 중요한 정보원(information source)이다. 표시를 통해 소비자에게 필요한 정보를 빠짐없이, 그리고 명확하게 전달하는 일은 작게는 소비자의 합리적 구매선택을, 크게는 자유롭고 공정한 시장경제체제를 만드는 전제조건이라고 할 수 있다. 표시제도(labeling regulation)가 원활히 기능하도록 하기 위해 각국의 정부는 상품 품목별로 표시의 항목과 방법을 상세히 규정하는 한편, 표시를 은폐 또는 누락시키거나 부당한 표시 방법으로 소비자를 기만하는 행위를 규제하고 있다. 이하 내용에서는 우리 법이 정의하고 있는 사업자의 표시의무와 시장에서 사용되고 있는 표시의 종류들을 개괄적으로 살펴본다.

1) 표시의무

정부는 구매 선택 시 소비자가 필요로 하는 중요정보를 제공받을 수 있도록 법률을 통해 사업자에게 표시의 의무를 부여하고 있다. 표시의무에 관한 법적근거는 「소비자기본법」과 「표시·광고의 공정화에 관한 법률(이하 표시광고법)」, 그리고 개별 상품에 관한 법률에서 찾아볼 수 있다.

먼저 「소비자기본법」은 소비자가 거래 시 표시로 인하여 잘못된 구매 선택을 내리지 않도록 정부로 하여금 사업자가 표시해야 하는 정보의 종류와 방식에 관한 기준을 정하도록 하고 있다. 「표시광고법」에서는 소비자에게는 매우 중요하지만 사업자들은 제공하고 싶어하지 않는 정보들, 예를 들어 상품의 부정적 측면이나 사업자의 피해보상책임에 관한 사항들이 표시 또는 광고를 통해 빠짐없이 공개되도록 규정하고 있다. 중요정보고시제도(affirmative disclosure)로 불리는 이 제도는 정부가 누락 또는 은폐되기 쉬운 중요정보항목들을 상품별로 열거하고, 그 정보들을 의무적으로 공개하도록 함으로써 사업자들이 정보를 충분히 제공하지 않는 방법으로 소비자를 기만하는 것을 미연에 방지하고자 하는 목적이다.

한편 품목별로 별도의 관리법령을 두고 있는 우리 법체계상 품목별 개별법령에서도 사업자의 표시의무와 올바른 표시에 관한 사항을 찾아볼 수 있다. 이때 표시의 의미와 원칙에 관한 일반적 사항을 명시한 일반법들과 달리, 개별 법령에서는 품목별로 표시되어야 하는 구체적인 표시항목과 표시위치, 방법에 관한 사항을 보다 상세히 규정하고 있다.

2) 표시의 종류

표시의 종류는 표시의 내용, 위치, 형태, 목적, 그리고 표시의 강제성 유무 등 다양한 기준에 의해 구분될 수 있다. 먼저 표시의 내용에 따라 구분해 보면, 표시는 크게 거래정보표시와 안전정보표시로 나눌 수 있다. 이때 거래정보표시란 가격표시, 상품표시와 같이 상품의 구매여부를 결정할 때 소비자가 고려하는 주요사항들에 관한 정보를, 안전정보표시란 경고표시, 주의표시와 같이 생명·신체나 재산에 대한 위해를 방지하기 위해 제품 또는 서비스에 관해 소비자가 알거나 준수해야 할 사항들을 기재하는 것을 말한다.

표 5-1 내용에 따른 표시 종류의 구분

거래정보표시		안전정보표시	
가격표시	상품표시	경고표시	주의표시
판매가격, 단위가격 등	성분, 성능, 용량, 원산지, 사용기한 등	경고문구, 경고그림, 신호어 등	사용상 주의사항, 예방조치문구, 어린이주의표시 등

표시 위치에 따른 분류도 가능하다. 통상 제품 표면에 기재된 정보만을 표시로 생각하기 쉽지만, 표시는 사업장의 게시물, 전자상거래 시에도 이루어진다. 한편 제품의 경우에도 표시의 위치가 제품의 표면인지, 포장면인지, 또는 첨부물인지에 따라 세분화될 수 있다. 표시의 위치는 표시항목의 중요성과 표시면적 등을 종합적으로 고려하여 결정된다. 단순하게 생각하여 제품 표면에 표시하는 것이 소비자들의 눈에 가장 잘 띄고 그렇기 때문에 가장 좋은 표시 위치라고 생각할 수 있겠으나, 만약 제품의 크기가 작아 표시면적이 제한적이라면 표시가 누락되거나 식별이 불가능할 정도로 작은 글씨로 정보를 기재하게 될 수도 있다.

또한 표시는 문자, 숫자, 도형, 그림, 색깔 등 다양한 방식으로 이루어진다. 예를 들어 숫자표시는 상품의 용량, 함량, 등급 등을 나타낼 때 쓰이며, 도형과 그림, 색깔은 상품의 유해성을 경고하는 경고표시나 소비자의 위해예방행동을 촉구하는 주의표시에서 자주 사용된다. 표시방식은 전달하고자 하는 표시내용과 목적에 따라 결정된다. 예를 들어 많은 양의 정보를 보다 상세히 전달하는 데에는 문자나 숫자가 효과적일 수 있겠으나, 소비자의 눈에 잘 띄고 또 더 쉽게 원하는 정보를 전달하는 데에는 도형이나 그림, 색깔 등이 더 유용할 수 있다.

다음으로 표시는 표시의 목적에 따라 절대적 표시와 상대적 표시로 구분할 수 있다. 두 표시의 구분은 담고 있는 정보의 내용이 절대적인가 상대적인가를 기준으로 이루어진다. 구체적으로 절대적 표시란 상품에 관한 객관적 사실을 있는 그대로 공개하는 것을, 상대적 표시란 상품 간 비교를 용이하게 하기 위해 품질의 상대적 차이를 가늠할 수 있는 정보를 제공하는 것을 말한다. 예를 들어 식품의 영양성분표시는 절대적 표시에, 유기농·무농약 식품 인증표시나 축산물의 등급표시는 상대적 표시에 해당한다. 절대적 표시와 상대적 표시는 각각의 장점과 단점을 지니고 있다. 절대적 표시는 상품에 관한 객관적 사실을 폭넓게 제공하는 만큼 소비자들에게 제공되는 정보의 양이나 활용범위가 넓지만, 공개된 정보의 내용이 일반 소비자가 이해하거나 활용하기 힘든 것일 경우 표시를 통한 정보공개가 무의미해질 수 있다. 반면 상대적 표시는 소비자가 이해하기 쉬운 형태로 정보를 가공하여 제공한다는 점에서는 긍정적이나, 인증이나 등급표시의 기준을 정하는 문제, 제도관리비용의 문제, 표시 신뢰도 문제 등이 발생할 수 있다.

마지막으로 표시는 표시의 강제성 유무에 따라 강제적 표시와 자발적 표시로 구분할 수 있다. 이때 강제적 표시란 법률에 의해 사업자가 반드시 표시하도록 규정된 사항들을, 자발적 표시란 사업자의 자율적 판단에 의해 이루어지는 표시를 말한다. 강제적 표시는 소비자가 반드시 알아야 하는 정보이지만, 정보의 내용이 상품의 유해성, 부작용과 같이 상품의 부정적 특성에 관한 것이어서 사업자가 이를 은폐할 위험이 있는 경우에 주로 사용된다. 한편 자발적 표시는 사업자 스스로 알리고자 하는 정보, 특히 상품의 상대적 우수성을 강조하는 정보를 제공하고자 하는 경우에 주로 사용되기 때문에 일종의 광고로서의 기능을 수행하기도 한다.

03 | 절대적 정보제공

절대적 정보제공 표시란 상품에 관한 객관적 사실을 별도의 정보가공행위 없이 있는 그대로 소비자에게 적시하는 것을 말한다. 절대적 정보제공 표시는 전달하고자 하는 정보의 내용에 따라 크게 거래정보표시(가격표시, 상품표시)와 안전정보표시(경고표시, 주의표시)로 나눌 수 있다. 이하 내용에서는 이들 표시제도의 운영현황과 제도를 둘러싼 주요쟁점에 관해 살펴본다.

1) 거래정보표시

(1) 가격표시

가격은 소비자의 구매선택을 결정하는 가장 중요한 고려요인 중 하나이다. 때문에 상품의 가격을 명시하고 소비자가 그 정보를 구매선택에 활용할 수 있도록 하는 일은 매우 중요한 정책적 과제라 할 수 있다. 가격표시제도는 표시의 객체가 무엇인지, 가격을 어떠한 방식으로 표시하는지에 따라 다양한 형태로 운영될 수 있다. 이하 내용에서는 우리나라의 가격표시제도가 어떠한 방식으로 운영되고 있는지 제품과 서비스로 나누어 살펴본다.

　제품에 관해 우리나라는 판매가격표시제도와 단위가격표시제도를 채택하고 있다. 먼저 판매가격표시제도(open price system)란 상품의 판매자가 판매시점에 직접 가격을 정하고 표시하도록 하는 방식을 말한다. 판매가격표시제도는 1999년 기존의 권장소비자가격제도를 대체하기 위해 도입되었다. 권장소비자가격제도(suggested retail price system)란 제조 또는 수입업자가 제품의 가격을 정하여 제품의 포장면에 표시하도록 하는 제도이다. 이 제도는 시장주체들이 거래 과정에서 상품의 가격대를 추정할 수 있도록 돕는다는 점에서 긍정적이었으나, 판매자간 가격경쟁의 유인을 없애고, 권장소비자가격을 부풀려 실제 상품이 염가에 판매되고 있다고 오인하게 하는 등의 문제점을 유발했다. 이에 우리 정부는 1999년 기존의 권장소비자가격제도를 폐지하고 판매가격표시제도를 도입하였다. 그러나 판매가격표시제도 이후 또 다른 부작용이 발생했다. 소비자가 상품의 가격대를 추정하기 어려워짐에 따라 판매자가 폭리를 취하더라도 소비자가 그 사실을 알아차리기 어렵게 되었고, 시장 내에 가격분산이 커짐에 따라 소비자들의 탐색비용이 크게 증가했다. 이에 현재는 판매자의 폭리행위가 특히 문제시되었던 과자, 라면, 아이스크림 등 일부품목에 대해 권장소비자가격표시가 예외적으로 허용된 상태이나, 그 실효성에 대해서는 계속 논란이 되고 있다.

　다음으로 단위가격표시제도(unit price system)란 수량 또는 중량 단위로 판매되는 품목의 가격을 단위당 가격으로 표시하는 제도이다. 공산품과 농축수산물을 대상으로 시행되고 있는 이 제도는 소비자가 보다 직관적으로 가격을 비교할 수 있도록 돕는다는 점에서 긍정적 기능을 수행한다. 그러나 단위가격표시제도의 직관적인 표시방식으로 인해 소비자가 오도될 가능성 또한 존재하는데, 예를 들어 농축세제의 경우 단위당 가격을 기준으로 비교할 때에는 일반세제에 비해 가격이 더 비싼 것처럼 보이지만, 사용량을 기준으로 비교할 때에는 가격 차이가 없거나 농축세제가 오히려 더 저렴할 수도 있다. 이에 일각에서는 단위가격제가 사용량을 중심으로 개편되어야 한다는 의견을 제기하고 있다.

　한편 서비스 이용요금에 관해 우리나라는 이용요금을 사업장의 내부 또는 외부에 소비자가 알아차리기 쉬운 형태로 게시하도록 규정하고 있다. 이중 사업장 외부에 가격을 표시하도록 하는 옥외가격표시제도는 2013년 음식점, 이미용업소 등을 대상으로 도입되었다. 이 제도는 일단 사업장에 들어간 이후에는 거래를 취소하기 어렵다는 서비스업의 특성상 소비자가 사업장에 출입하기 전 미리 가격정보를 획득할 수 있도록 한 제도이다. 옥외가격표시제도의 도입으로 소비자는 서비스 가격정보를 보다 쉽게 확인할 수 있게 되었으며, 구매결정을 내리기 전에 다른 사업장과 가격도 비교할 수 있게 되었다. 사업자의 참여율 저조, 지자체의 관리 소홀 등으로 제도의 실효성에 대한 논란이 제기되기도 하였으나, 2017년 옥외가격표시제도는 학원 등의 교습소에까지 확대 도입되었다.

(2) 상품표시

상품표시란 소비자가 제품 또는 서비스에 관해 필요로 하는 중요정보를 제품의 표면 또는 사업장에 게시하는 것을 말한다. 상품표시는 가장 전통적이고 대표적인 정보제공방식의 하나로 상품의 객관적 특성을 사실 그대로 적시한다는 점에서 절대적 정보제공의 대표적 유형으로 꼽힌다. 우리나라는 「소비자기본법」과 「표시광고법」에서 표시항목과 방법에 관한 일반적 사항을 규정하고 있으며, 식품, 의약품 등 일부 품목은 개별법을 통해 별도의 표시항목과 방법을 규정하고 있다(표 5-2).

상품표시를 통해 제공되는 정보의 종류는 매우 다양하다. 「소비자기본법」은 상품표시에 포함되어야 하는 일반적 항목들을 열거하고 있으며, 이외에도 상당수의 품목 또는 업종들이 별도의 법률을 통해 서로 다른 표시항목들을 규정하고 있다. 〈표 5-3〉은 다양한 표시항목들을 전달하고자 하는 정보의 내용에 따라 크게 열 가지 유형으로 정리한 것이다.

이렇듯 표시를 통해 전달해야 하는 정보의 종류는 매우 다양하지만, 표시는 제품의 표면 또는 사업장의 게시판과 같이 한정된 지면 안에서 이루어져야 한다. 때문에 소규모 제품인 경우 제품 표면에 모든 표시항목들을 기재하기 어려울 수 있으며, 너무 많은 정보를 나열하는 것은 자칫 표시의 가독성과 활용도를 떨어뜨릴 수도 있다. 따라서 효과적인 표시제도를 만들기 위해서는 소비자가 꼭 필요로 하는 정보는 무엇인지, 소비자가 가장 활용하기 좋은 표시방식은 무엇인지 고민하여야 한다.

효과적인 표시제도를 만들기 위한 고민의 사례로는 식품의 사용기한표시, 그리고 의류제품의 제조일자표시에 관한 논쟁을 들 수 있다. 먼저 식품에서는 사용기한 표시방법에 관한 논쟁이 지속되어 왔다. 식품의 사용기한을 표시하는 방법은 제조일자, 유통기한, 품질유지기한 등으로 매우 다양하다. 이때 제조일자는 포장을 제외한 모든 제조나 가공이 완료된 시점을, 유통기한은 소비자에게 판매가 허용되는 기한

표 5-2 상품표시 관련 법령 및 행정규칙의 예

	관련법령	행정규칙
공통	소비자기본법	–
	표시광고법	중요한 표시·광고사항 고시
	전자상거래법	전자상거래 등에서의 상품 등의 정보제공에 관한 고시
식품	식품표시광고법	식품 등의 표시기준 건강기능식품의 표시기준 소·돼지 식육의 표시방법 및 부위 구분기준
	먹는물관리법	먹는샘물 등의 기준과 규격 및 표시기준 고시
	농수산물품질관리법	–
	축산물위생관리법	축산물의 표시기준
	원산지표시법	–
의약품	약사법	의약품 표시 등에 관한 규정
위생용품	위생용품관리법	위생용품의 표시기준
화장품	화장품법	화장품 사용시의 주의사항 표시에 관한 규정 화장품 바코드 표시 및 관리요령
전기생활용품	전기생활용품안전법	안전확인대상 생활용품의 안전기준 공급자적합성확인대상 생활용품의 안전기준 안전기준준수대상 생활용품의 안전기준
어린이제품	어린이제품안전법	어린이제품 공통안전기준 안전인증대상·안전확인대상 어린이제품의 안전기준 개별안전기준이 있는 공급자적합성확인대상 어린이제품의 안전기준
생활화학제품	화학제품안전법	생활화학제품 지정 및 안전·표시기준 살생물제품 표시에 관한 규정
농약	농약관리법	농약, 원제 및 농약활용기자재의 표시기준

표 5-3 상품표시의 표시항목 구분과 예시

구분	표시항목 예시
상품식별정보	상품명, 품목보고번호, 제조번호, 허가번호, 제품유형 등
사업자정보	사업자의 명칭, 영업소 주소지, 연락처 등
성분정보	원료명, 성분명, 함량, 재질 등
성능정보	용도, 성능, 사양, 효과, 효능, 영양 등
용량정보	중량, 용량, 개수, 매수 등
원산지정보	원산지, 제조국 등
이용정보	보관방법, 사용방법, 복용방법, 표준사용량 등
사용기한정보	유통기한, 제조일자, 품질유지기한, 사용기한, 품질보증기간 등
피해구제정보	A/S 책임자와 전화번호, 반품 및 교환장소 등
분리배출정보	분리배출표시

을, 품질유지기한은 기준에 따라 보관할 경우 해당제품의 품질이 유지될 수 있는 기한을 의미한다. 세 가지 방법은 모두 식품의 섭취가능기한을 파악하기 위한 정보이나 서로 다른 내용의 정보를 담고 있으며 각각의 장점과 단점을 지닌다. 예를 들어 제조일자는 제품이 제조된 후 얼마만큼의 시간이 지났는지 소비자가 직접 확인할 수 있는 반면, 소비기한이 언제까지인지 판단하기 어렵다. 유통기한은 제품의 품질이 보장되는 구매기간을 직관적으로 파악할 수 있는 반면, 그 기간이 소비기한과 동일시되어 품질이나 안전성에 전혀 문제가 없는 제품을 폐기해야 하는 문제를 일으킨다. 품질유지기한은 제품을 소비해도 문제가 없는 기간을 직접 알려주는 방식이지만, 소비자가 보관방법을 준수하지 않을 경우 그 기간 이내라도 품질과 안전성에 문제가 생길 수 있다.

한편 우리나라에서는 의류제품에 제조일자를 표시토록 하고 있으나 표시의 필요성을 두고는 끊임없이 논란이 되고 있다. 먼저 표시가 필요하다는 입장에서는 오래된 상품이 신상품으로 둔갑하여 높은 가격에 판매되는 문제를 예방하기 위해, 마모로 인한 원단 손상과 같이 소비자들이 눈으로 쉽게 확인하기 어려운 품질의 하락을 예측하기 위해 제조일자의 표기가 필요하다고 보았다. 반면 표시가 불필요하다는 입장에서는 의류는 제조일자가 오래되었다 하더라도 식품처럼 먹을 수 없거나 건강상 위해를 발생시키는 것이 아니며, 만약 판매업자들이 제조일자를 기준으로 가격을 할인해야 한다면 그 수준을 감안해 최초 가격이 높게 책정되는 문제가 발생할 수 있음을 지적하였다. 실제로 이러한 지적에 의해 의류제품의 제조년월일 표시는 1994년 한 차례 폐지되었으나, 다시 부활하여 표시 권장사항으로 운영되다가 2010년 필수 표시사항으로 변경되었다.

상품표시는 소비자가 구매 선택에 있어 가장 일차적으로 활용하는 중요한 정보원이다. 때문에 상품표시를 통해 어떠한 정보를 어떠한 방식으로 전달할 것인가는 사업자와 소비자, 나아가 시장 전체에 영향을 미치는 매우 중요한 정책적 결정이라고 할 수 있다. 그러나 무조건 많은 정보를 전달하는 것이 소비자에게 유익한 결과로 이어지는 것은 아니다. 앞선 사례들에서 보았듯이 불필요한 표시, 또는 적절하지 않은 표시방법은 시장에 부담으로 작용할 수 있으며, 이 부담은 결국 소비자에게 전가된다. 따라서 상품표시의 항목과 방법을 결정함에 있어서는 표시의 필요성에 대한 근본적 검토와 함께 소비자의 활용행태를 고려한 가장 효과적인 표시방법을 찾기 위한 노력이 반드시 병행되어야 한다.

2) 안전정보표시

(1) 경고표시

경고표시란 상품이 소비자의 건강에 미칠 수 있는 유해성의 내용과 정도를 문구, 신호어, 그림 등의 방법으로 적시하는 것을 말한다. 경고표시는 상품으로 인해 소비자에게 발생할 수 있는 신체, 건강상 위해의 내용과 수준을 미리 알림으로써 소비자 스스로 위해를 예방할 수 있도록 하는 데에 그 목적이 있다.

경고표시의 대표적 사례로는 담배와 주류의 표면에 표시되는 경고문구와 그림을 들 수 있다. 먼저 담배에 대해 우리나라는 제조자 또는 수입판매업자로 하여금 담뱃갑 포장지의 앞, 뒤, 옆면에 흡연의 폐해를 알리는 그림과 문구, 담배에 포함된 발암성물질 등을 표시하도록 하고 있다. 이때 사용해야 하는 경고그림의 종류와 문구, 이들을 표시하는 방법 등은 관련 법령과 고시를 따라야 한다. 주류 또한 유사하다. 주류의 제조업자 또는 수입업자들은 용기 표면에 과음이 건강에 해롭다는 사실, 그리고 임신 중 음주가 태아의 건강에 해로울 수 있다는 경고문구를 표시하여야 하며, 표시문구의 구체적 내용과 방법은 관련 법령과 고시를 따라야 한다.

담배와 주류는 제품의 소비 그 자체가 신체에 유해한 영향을 미치기 때문에 담배와 주류에 표시되는 경고표시의 궁극적 목적은 발생할 수 있는 피해에 대한 소비자의 경각심을 자극하여 상품의 소비를 스스로 억제하도록 하는 데에 있다. 담배와 주류 소비를 억제시키는 표시방법에 관한 논의는 다각적으로 이루어져 왔다. 특히 담배의 유해성을 사진으로 알리는 경고그림은 2001년 캐나다의 최초 도입 이후 그 효과성을 두고 전 세계적으로 활발한 논의가 이루어지고 있다. 우리나라는 담배경고그림의 등장 초기부터 도입 논의를 시작하였으나 담배회사의 반대에 부딪혀 도입되지 못하다가 2016년 12월 제도를 도입하였다. 담배경고그림은 현재까지 105개 국가에서 도입되는 등 널리 사용되고 있으나, 한편으로는 그림을 통해 유발되는 공포심과 혐오감이 실제 소비억제로 이어지는가에 관한 의문이 제기되는 등 표시의 효과성에 관한 논란이 이어지고 있다.

경고표시의 또 다른 사례로는 생활화학제품과 살생물제품의 유해성표시를 들 수 있다. 이때 생활화학제품이란 세정제, 표백제, 접착제 등 일상생활공간에서 사용되는 화학제품을, 살생물제품이란 살균·방충제와 같이 유해생물의 제거를 목적으로 만들어진 화학제품을 말한다. 이들 제품은 생활 속에서 꼭 필요한 기능을 수행하나, 제품의 특성상 사용과정에서 소비자들을 화학적 위험에 노출시킬 가능성을 내포하고 있다. 때문에 우리나라는 생활화학제품과 살생물제품 관리를 위한 별도의 안전관리기준과 함께 제품의 유해성을 알리기 위한 표시기준을 함께 마련해두고 있다. 생활화학제품과 살생물제품의 유해성 표시에는 그림문자와 신호어, 유해·위험문구 등이 활용되고 있다.

특정 연령대의 어린이 또는 청소년에 대한 사용금지 표시 또한 경고표시에 해당한다. 주류와 담배, 유해매체물 등에 표시되는 청소년유해표시가 대표적이며, 일부 어린이 제품에 대해서도 필요에 따라 0~3세 유아의 사용을 금지하는 표시를 하도록 하고 있다. 사용금지 표시는 특정 연령대의 소비자에게 상품이 위험 또는 유해함을 알리고 이들의 제품 사용을 저지하기 위한 표시라는 점에서 경고표시로서의 기능을 수행한다.

(2) 주의표시

주의표시란 상품을 사용 또는 이용하는 과정에서 발생할 수 있는 위해를 사전에 예방하기 위해 소비자가 준수해야 하는 사항에 관한 내용을 적시하는 것을 말한다. 경고표시와 주의표시는 발생할 수 있는 위해를 사전에 예방하는 것을 목적으로 한다는 점에서 공통점을 지닌다. 다만 경고표시가 제품에 내재된 위험성의 내용 그 자체를 알리는 것을 주된 목적으로 한다면, 주의표시는 위해예방을 위해 필요한 소비자의 주의 행동을 촉구한다는 점에서 서로 구분된다.

주의표시는 사용상 주의사항이라는 명칭으로 가장 널리 사용되고 있다. 사용상 주의사항은 「소비자기본법」에 명시된 기본적 표시항목들 중 하나로 제품은 물론 서비스와 시설 이용 시에도 중요한 표시항목으로 기재되고 있다. 구체적으로 제품의 경우 구매 후 상품을 보관 또는 사용할 때에 소비자가 유념해야 하는 사항들을 적시하며, 서비스와 시설의 경우 이용 시 소비자가 지켜야 하는 안전수칙들을 적시한다. 또 일부품목의 경우 사용상 주의사항에서 한발 더 나아가 위해가 실제로 발생했을 때 그 위해를 최소화하기 위해 소비자가 취할 수 있는 처치방법을 함께 표기하기도 한다. 주의표시는 주로 문구로 표기되고 있으나 생활화학제품과 같이 그 필요성이 인정되는 때에는 주의사항과 응급처치방법 등을 그림문자로 표시하여 소비자들이 보다 직관적으로 이해할 수 있도록 조치하고 있다.

표 **5-4** 생활화학제품의 사용상 주의사항 및 응급처치방법 표시 사례

그림기호	표시사항	관련 문구
	사용상 주의사항	내용물이 눈에 닿지 않도록 하시오.
	응급처치	• 눈에 들어갔을 때는 즉시 씻어내시오. • 눈에 들어갔을 때는 깨끗한 물로 씻고 이상이 있을 경우 의사와 상의하시오

자료: 「안전확인대상생활화학제품 지정 및 안전·표시기준(환경부고시 제2019-45호)」 별표6

한편 모든 소비자가 아닌 특정 소비자들에게 주의가 필요한 사항을 적시하는 경우도 있다. 식품의 알레르기, 어린이 관련 주의표시가 그 사례이다. 먼저 알레르기 표시에 관해 우리나라는 식품에 함유된 알레르기 유발물질의 종류와 함유량, 그리고 제조과정에서 혼입되었을 가능성이 있는 물질까지 함께 표기하도록 하고 있다. 알레르기 표시는 성분표시의 일종으로 볼 수도 있겠으나, 표시의 목적이 특정 소비자들에게 미칠 수 있는 위해의 가능성을 알리고 주의하도록 하는 데 있다는 점에서 주의표시로서의 기능을 수행한다.

어린이들이 소비하는 식품 또는 제품에도 별도의 주의표시를 하고 있다. 식품의 경우 어린이 기호식품에 대해 성인과는 다른 별도의 알레르기 유발 표시기준과 방법을 요구하고 있으며, 카페인이 많이 함유되었을 시에는 카페인 함유량을 눈에 띄는 색상과 모양으로 표시하도록 하고 있다. 또한 제품의 사용상 주의가 필요한 경우에는 눈에 띄는 색깔과 도형을 사용하여 표시하도록 하고 있으며, 제품에 환경유해인자가 포함된 경우에는 함유인자명과 함유량을 표시하도록 하고 있다.

04 | 상대적 정보제공

상대적 정보제공 표시란 상품의 품질에 관한 정보를 보다 쉽고 직관적으로 알리기 위해 정부 또는 사업자가 인증, 강조, 등급사정 등의 방법으로 정보를 제공하는 것을 말한다. 상대적 정보제공 표시는 표시의 내용과 방법에 따라 크게 인증표시, 강조표시, 등급표시로 나눌 수 있다. 이하 내용에서는 운영중인 표시제도와 이를 둘러싼 주요쟁점에 관해 살펴본다.

1) 인증표시

인증(certification)이란 상품의 품질이 정해진 기준을 충족하는지 평가하고 인증의 주체가 그 결과를 보장하는 것을 말한다. 인증을 부여받은 사업자는 제품의 표면 또는 사업장 내에 정해진 문구, 또는 마크를 표시하여 그 사실을 알리며, 소비자는 인증표시를 통해 해당 상품이 일정 수준 이상의 품질을 갖추었음을 알 수 있다.

인증제도는 법적 근거의 유무에 따라 법정인증과 민간인증으로 구분된다. 법정인증은 인증의 주체와 기준, 절차 등이 법률에 규정된 경우를 말하며, 민간인증은 사업자 또는 민간의 단체가 제도를 자율적으로 운영하는 경우를 말한다. 한편 법정인증은 강제성 유무에 따라 다시 법정강제인증과 법정임의인증으로 나뉜다. 법정강제인증은 상품을 판매하기 위해 인증을 의무적으로 획득하여야 하는 경우이며, 법정

표 **5-5** 법정인증제도 운영사례

구분		사례
법정 강제 인증	국토교통부	기계식주차장안전도인증, 택시미터의 검정, 자동차 및 자동차부품자가인증 등
	산업통상자원부	전기용품및생활용품안전관리제도,어린이제품안전인증, 에너지소비효율등급표시제도, 고효율에너지기자재인증제도 등
	해양수산부	소금품질검사, 선박안전관리체계 인증 등
	환경부	정수기품질검사, 자동차운행차배출가스정밀검사, 소음도검사 등
	식품의약품안전처	식품·축산물 HACCP, 의료기기 허가, 건강기능식품의 기능성 원료 및 기준 규격 인정
법정 임의 인증	국토교통부	건축물에너지효율등급인증, 녹색건축인증, 신기술인증, 우수부동산서비스사업자 인증 등
	산업통상자원부	우수재활용제품품질인증, KS표시인증제도, 녹색인증 에너지소비효율등급표시제도 등
	농림축산식품부	친환경농축산물인증, 유기가공식품인증, 동물복지축산농장인증, 술품질인증, 농산물우수관리인증(GAP), 농산물의 지리적표시제도 등
	해양수산부	유기수산물, 유기가공식품, 우수천일염인증, 수산물의 지리적표시, 수산물품질인증, 수산전통식품 품질인증, 무항생제수산물 등
	환경부	환경표지인증, 환경성적표지인증 등
	보건복지부	어린이집평가인증, 고령친화우수제품, 의료기관 인증 등
	식품의약품안전처	어린이기호식품 품질인증
	공정거래위원회	소비자중심경영인증제도, 공정거래자율준수프로그램
	방송통신위원회	정보보호 및 개인정보보호 관리체계 인증

임의인증은 인증의 획득이 의무는 아니지만 법이 정한 기준과 절차를 따라야 인증을 획득할 수 있는 경우이다.

상품의 품질을 온전히 파악하기 위해서는 상당한 수준의 전문지식이 필요하다. 때문에 소비자들이 충분한 정보탐색노력을 기울인다 하더라도 상품 간의 품질을 객관적으로 비교하기 어려운 경우가 많다. 품질정보에 관한 인증표시는 정부 또는 사업자단체가 정보의 내용을 대신 검증하고, 그 결과를 소비자가 이해하기 쉬운 형태로 제공한다는 점에서 소비자의 구매선택을 돕는 유용한 정보원으로 기능한다.

그러나 제대로 기능하지 못하는 인증제도는 자칫 시장을 왜곡하거나 소비자 혼란을 가중시킬 수 있다. 먼저 법정강제인증은 의무적으로 인증을 획득해야 하기 때문

참고사례

법정강제인증, 법정임의인증, 민간인증의 표시 사례

법정강제인증표시의 사례로는 국가통합인증마크(KC), 법정임의인증표시의 사례로는 유기농·무농약인증표시, 민간인증표시의 사례로는 Q마크를 들 수 있다.

구분		사례	설명
법정 강제 인증	국가통합 인증마크	KC	국가통합인증마크란 부처별로 산발적으로 사용되던 법정강제인증표시 중 일부를 하나의 마크로 통합한 것이다. 2009년 당시 지식경제부와 노동부가 운영하던 10개 인증마크를 통합하였으며, 2017년에는 통합의 범위가 8개 부처 23개 인증제도로까지 확대되었다.
법정 인증 임의 인증	친환경 인증표시	유기농 (ORGANIC) 농림축산식품부 / 무농약 (NON PESTICIDE) 농림축산식품부	친환경인증표시란 친환경 농산물, 축산물, 수산물에 부여되는 인증표시이다. 구체적으로 생산물의 종류와 생산과정에 따라 농축산물은 유기농축산물, 무농약 농산물, 무항생제 축산물로, 수산물은 유기 수산물, 무항생제 수산물, 활성처리제 비사용 수산물로 구분된다.
민간 인증	Q마크	품질보증 본 제품의 품질을 국제시험인증기관인 우리연구원이 보증함 KTC 한국기계전기전자시험연구원	Q마크란 민감시험검사소에서 실시하는 품질 테스트를 통과한 제품에 부여되는 인증표시의 한 종류이다. 전기전자제품 및 기타 생활용품을 인증대상으로 하며, 한국기계전기전자시험연구원 등 6개 민간연구기관이 정한 검사기준과 절차에 따라 인증이 부여되고 있다.

에 사실상 인증기준을 충족하는 상품만이 시장에 유통되도록 한다. 즉 이 경우 법정강제인증은 최소품질표준으로써 기능한다. 그러므로 너무 높은 인증기준을 세우면 신규 사업자의 시장진입을 저해하여 시장에 독과점 현상을 일으킬 수 있다. 반면 너무 낮은 인증기준을 세우게 되면 기업의 품질 개선 노력을 무의미하게 만들고 시장의 품질수준을 하향평준화 시킬 수 있다. 더불어 인증획득과정이 공정하지 못하거나 제도운영에 관한 적절한 감시가 이루어지지 않는 경우에는 기준을 충족하지 못하는 상품이 인증상품으로 둔갑하여 소비자들을 기만하거나 오도할 수 있다. 따라서 인증제도의 순기능을 살리기 위해서는 인증기준에 관한 신중한 논의와 함께 공정하고 투명한 제도 운영, 제도 운영현황에 관한 적절한 감시 등의 노력이 필요하다.

2) 강조표시

강조표시(claim)란 사업자가 알리고자 하는 상품의 성분 또는 기능적 특성 중 일부를 부각시키는 문구를 제품의 표면 등에 기재하는 것을 말한다. 구체적으로 식품에 기재되는 무첨가, 무알콜, 천연, 100% 같은 표현이나, 생활용품에서 발견할 수 있는 친환경, 무독성, 무공해 등의 표현을 말한다. 강조표시는 품질 우수성에 관한 정보를 담고 있는 표시라는 점에서 법정임의인증과 그 기능이 유사하다. 그러나 표시 이전에 알리고자 하는 사실의 진위여부를 검증하는 인증과 달리 강조표시는 표시여부를 사업자가 자유롭게 결정할 수 있다. 즉 사전에 검증된, 객관적 사실을 알리는 인증표시와 달리 강조표시는 확인되지 않은, 사업자의 주관적 주장에 가깝다. 그러나 사실을 기반으로 한 강조표시는 소비자의 구매선택을 돕는 유용한 정보원의 하나가 될 수 있다. 이에 우리 법은 올바른 강조표시를 하기 위해 지켜야 할 기본원칙과 구체적 방법을 명시함과 동시에 소비자를 속이거나 오인할 우려가 있는 부당한 강조표시에 대해서는 제재를 가하고 있다.

한편 우리나라는 건강기능식품, 기능성화장품과 같이 특정 기능이 강화된 식품과 화장품을 별도의 품목으로 규정하고 있다. 이 두 경우는 상품의 특정기능을 강조하는 문구를 사용하고, 또 그 사실을 제품에 표시한다는 점에서 강조표시와 매우 유사한 기능을 수행한다. 다만 건강기능식품은 법률이 정한 기준과 규격을 충족하였는지 그 진위여부를 의무적으로 인증받도록 하는 법정강제인증제도로 관리되고 있으며, 기능성 화장품은 판매 이전에 제품의 안전성이나 유효성에 관한 식품의

환경성 표시의 기본원칙

제조업자 등은 환경성에 관한 표시·광고를 할 때에 아래와 같은 기본원칙을 준수하여야 한다(환경성 표시·광고 관리제도에 관한 고시(「환경부고시 제2019−24호」) 제5조).

진실성	표시·광고의 내용과 표현 및 방법이 사실에 근거하고 명료·정확하여야 한다.
표현의 명확성	문구·도안·색상의 위치와 크기 등 내용과 표현 및 방법이 정확하고 명료하여야 한다.
대상의 구체성	표시·광고의 대상이 제품 및 포장의 전부 또는 일부 중 어느 부분에 관한 것인지 명확히 인식할 수 있어야 한다.
환경성 개선의 상당성	환경성 표시·광고 내용이 실제로 개선한 정도보다 과장하여 소비자를 기만하거나 오인시킬 우려가 없어야 하며, 환경성 개선의 정도에 대하여 통계적으로 유의미한 구체적 근거를 제시할 수 있어야 한다.
환경성 개선의 자발성	관련 법률에 따라 의무적으로 준수해야 하는 사항을 근거로 자발적으로 환경성을 개선한 것처럼 표시·광고하지 아니하여야 한다.
정보의 완전성	환경성 정보 중 소비자의 구매요인이 되는 중요한 정보를 누락·은폐 또는 축소함으로써 직접적 또는 간접적으로 소비자를 오인시킬 우려가 없어야 한다.
제품과의 관련성	표시·광고가 제품의 재질, 속성, 용도와 직접적으로 관련이 되어 있어야 하며, 발생할 가능성이 없는 환경부하(負荷)에 대한 개선에 관하여 직접적 또는 간접적으로 소비자를 오인시킬 우려가 없어야 한다.
실증 가능성	제조업자등은 표시·광고를 정확하고 재현 가능한 최신의 객관적·과학적인 근거로 실증할 수 있어야 한다.

약품안전처의 심사를 받는 것을 필수요건으로 하고 있다. 즉, 건강기능식품이나 기능성 화장품으로 명명되기 위해서는 판매 이전에 의무적으로 인증 또는 심사를 받아야 하며, 이러한 인증과 심사는 결과적으로 요건을 충족하는 제품만이 건강기능식품이나 기능성 화장품으로 판매되도록 한다는 점에서 사실상 강조표시보다는 최소품질표준으로써의 기능을 수행한다고 볼 수 있다.

식품의 강조표시 방법

「식품 등의 표시기준(식품의약품안전처고시 제2018-32호)」에서는 식품에 천연, 100%, 무알콜 등의 표현을 사용하고자 할 때 지켜야 하는 원칙들을 아래와 같이 규정하고 있다.

천연	합성향료·착색료·보존료 또는 어떠한 인공이나 수확 후 첨가되는 합성성분이 제품 내에 포함되어 있거나, 비식용부분의 제거 또는 최소한의 물리적 공정 이외의 공정을 거친 식품인 경우에는 "천연"이라는 용어를 사용하여서는 아니 된다.
100%	표시대상 원재료를 제외하고는 어떠한 물질도 첨가하지 아니한 경우가 아니면 "100%"의 표시를 할 수 없다. 다만, 농축액을 희석하여 원상태로 환원하여 사용하는 제품의 경우 환원된 표시대상 원재료의 농도가 100%이상이면 제품 내에 식품첨가물(표시대상 원재료가 아닌 원재료가 포함된 혼합제제류 식품첨가물은 제외)이 포함되어 있다 하더라도 100%의 표시를 할 수 있으며, 이 경우 100% 표시 바로 옆 또는 아래에 괄호로 100% 표시와 동일한 활자크기로 식품첨가물의 명칭 또는 용도를 표시하여야 한다. (예) 100% 오렌지주스(구연산 포함), 100% 오렌지주스(산도조절제 포함)
무알코올	주류 이외의 식품에 알코올 식품이 아니라는 표현(예: Non-alcoholic), 알코올이 없다는 표현(예: Alcohol free), 알코올이 사용되지 않았다는 표현(예: No alcohol added)을 사용하는 경우에는 이 표현 바로 옆 또는 아래에 괄호로 성인이 먹는 식품임을 같은 크기의 활자로 표시하여야 한다. 다만, 알코올 식품이 아니라는 표현을 사용하는 경우에는 "에탄올(또는 알코올) 1% 미만 함유"를 같은 크기의 활자로 함께 표시하여야 한다. (예) Non-alcoholic(에탄올 1% 미만 함유, 성인용), 무알코올(성인용)

3) 등급표시

등급표시(grade rating)란 상품의 품질을 평가하고 그 결과를 일정한 급간으로 나뉜 등급으로 나타내는 방법을 말한다. 독립된 기관이 상품의 품질을 평가하고 그 결과를 제시한다는 점에서 인증제도와 유사하나 인증의 유무 이외에도 상품의 품질을 수 개의 급간으로 나누어 제시한다는 점에서 등급표시의 활용범위가 더 넓다. 예를 들어, 등급표시를 통해 소비자는 상품을 품질의 수준에 따라 서열화 할 수 있으며, 이 정보를 가격정보와 결합하는 경우 가격 대비 품질 수준을 비교할 수 있게 된다. 등급표시는 품질을 인증획득 유무로 이분하여 제시하는 인증제도에 비해 소비자에게 제공하는 정보의 양이 더 많고, 상품품질이 인증기준 수준에서 하향평준화되는 경향을 완화시킬 수 있다는 점에서 긍정적이다. 그러나 한편으로는 인증기관에 대한 신뢰를 바탕으로 손쉽게 구매결정을 내릴 수 있는 인증제도와 달리 등급에 대한 소비자들의 이해를 필요로 한다. 우리나라는 현재 쌀, 축산물 등 농식품, 의료기기, 자동차 등의 제품과 음식점, 호텔 등의 서비스, 전자파, 에너지효율, 정보보호 등의 항목에 대한 등급제도를 개별 법령에 근거하여 운영하고 있다(표 5-6).

표 **5-6** 등급표시제도 운영사례와 관련 법령

품목/항목	법령	고시
쌀	양곡관리법	쌀의 등급 및 단백질 함량 기준
축산물	축산법	축산물 등급판정 세부기준
의료기기	의료기기법	의료기기 품목 및 품목별 등급에 관한 규정
전자파	전파법	전자파 등급기준, 표시대상 및 표시방법 고시
자동차	대기환경개선특별법	자동차 배출가스 등급 산정방법에 관한 규정
호텔	관광진흥법	호텔 등급 표지
음식점	식품위생법	음식점 위생등급 지정 및 운영관리 규정
정보보호	정보통신망법	정보보호 관리등급 부여에 관한 고시
에너지	에너지이용합리화법	자동차·자동차용 타이어, 건축물의 에너지소비효율 관련 규정

참고사례

에너지소비효율등급표시제도

에너지소비효율등급표시제도는 보급량이 많고, 상당량의 에너지를 소비하는 특정 품목에 의무적으로 요구되는 표시이다. 제품의 에너지 소비량을 1등급부터 5등급까지 나누어 제시하며, 1등급에 가까울수록 에너지를 절약할 수 있는 고효율 제품에 해당한다.

에너지소비효율등급 표시 대상 제품
전기냉장고, 김치냉장고, 전기냉방기, 전기세탁기(일반, 드럼), 전기냉온수기, 전기밥솥, 전기진공청소기, 선풍기, 공기청정기, 백열전구, 형광램프, 제습기, 가정용가스보일러, 어댑터 충전기, 전기냉난방기, 상업용 전기냉장고, 가스온수기, 변압기, 전기온풍기, 전기스토브, 전기레인지, 셋톱박스 등

1. 권장소비자가격제도와 판매가격표시제도의 장점과 단점을 생각해보고, 어떤 제도가 소비자에게 더 유익하다고 생각하는지 자신의 의견을 정리해 봅시다.
2. 인증표시와 강조표시, 등급표시의 사례를 찾아보고 그 근거법령을 찾아 표시의 기준과 방법을 살펴봅시다.

부당한 정보에 대한 규제정책

정보제공정책의 목적은 시장에 소비자가 활용 가능한 충분한 양의 정보가 존재하도록 사업자로 하여금 관련 정보를 공개하도록 하는 데에 있었다. 그러나 만약 공개된 정보의 내용이 거짓이거나 소비자들을 오도하는 것이라면 어떨까? 그 정보는 소비자의 합리적 선택을 저해하는 방해물이 될 것이다. 이에 정부는 양적측면에서의 정보제공정책과 함께 정보의 내용, 다시 말해 질적 측면에서 부당한 정보제공 행위를 규제하고 있다. 본 장에서는 부당한 정보제공 행위란 구체적으로 무엇을 말하는지, 우리 법이 어떠한 절차와 방법으로 이들을 규제하고 있는지에 관해 살펴본다.

01 | 부당한 표시·광고의 개념

바람직한 표시·광고란 그 내용이 사실이고, 객관적으로 입증이 가능하며, 과장이 없어 소비자의 구매선택에 실질적 도움을 주는 것을 말한다. 그러나 일상생활에서 이와 같은 조건을 완벽하게 충족하는 표시와 광고를 만나기란 쉽지 않다. 법이 정한 요건을 충족해야 하는 표시는 물론 상품의 구매촉진이 강조되는 광고의 경우에는 더욱 그렇다. 때문에 부당한 표시·광고규제에 관한 논의의 핵심은 무엇을 부당한 표시·광고로 볼 것인지, 규제대상을 명확히 하는 작업에서 시작된다. 이하 내용에서는 부당한 표시·광고의 판단기준은 무엇인지, 어떠한 표시·광고를 행정적 규제의 대상으로 삼아야 하는지에 관해 살펴본다.

1) 부당한 표시·광고의 유형

부당한 표시·광고 해당여부를 판단하는 데에는 표시·광고 내용의 진위여부와 소비자오인성이 중요한 기준으로 활용된다. 먼저 사업자가 사실과 다른, 허위정보를 제공했다면 소비자는 사실이 아닌 정보를 바탕으로 잘못된 구매선택을 내리게 된다. 이렇듯 허위정보는 가장 근본적인 부당정보 제공행위라고 할 수 있다. 한편 우리나라를 비롯한 상당수의 국가들은 부당한 정보제공 행위의 범위 안에 소비자오인성이 있는 경우, 다시 말해 사업자가 제공한 정보가 사실이라 하더라도 그 행위가 소비자로 하여금 사실과 다른, 잘못된 신념을 가지게 하는 경우를 포함시키고 있다.

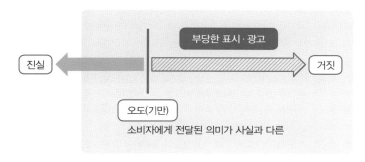

그림 **6-1** 부당한 표시·광고

구체적으로 우리나라의 「표시광고법」은 부당한 표시·광고의 종류를 허위·과장의 표시·광고, 기만적인 표시·광고, 그리고 객관적 근거 없이 부당하게 비교하거나 비방하는 표시·광고 등 네 가지로 정의하고 있다. 먼저 허위·과장의 표시·광고란 사실과 다르게, 또는 사실을 지나치게 부풀려 표시·광고하는 것을 말한다. 다음으로 기만적인 표시·광고란 중요한 정보를 은폐, 누락 또는 축소하는 행위를 말한다. 예를 들어, 과일음료에 과즙을 첨가하지 않았음에도 불구하고 '과즙 100%'라고 표기하는 것은 허위표시, 이월상품과 신상품을 동일하게 전시·판매하면서 그 상품이 이월상품이라는 사실을 은폐 또는 축소한 행위는 기만적 표시에 해당한다. 허위, 과장의 표시·광고와 기만적 표시·광고는 소비자에게 사실과 다른 인식을 갖게 한다는 점에서는 같으나, 전자는 사업자가 적극적으로 사실과 다른 정보를 전달하는 행위인 반면, 후자는 진실을 다루되 그 진실을 은폐, 누락 또는 축소하여 소비자를 오도한다는 점에서 차이가 있다. 마지막으로 부당하게 비교하는 표시·광고란 비교의 대상이나 기준을 분명하게 밝히지 않거나, 객관적인 근거 없이 자신의 상품이 타인의 상품보다 뛰어나다고 표시·광고하는 경우를, 부당하게 비방하는 표시·광고란 객관적 근거 없이 다른 사업자를 비방하거나 다른 사업자에게 불리한 사실만을 표시·광고하는 행위를 말한다.

이때 전달된 내용의 진위여부 확인을 통해 비교적 손쉽게 판단할 수 있는 허위의 표시·광고와 달리 기만적 표시·광고 해당여부에 대한 판단은 논쟁의 대상이 되는 경우가 많다. 기만적 표시·광고 해당여부를 판단할 때에는 첫째, 은폐, 누락 또는

참고사례

기만적인 표시·광고의 심사기준과 사례

　　공정거래위원회는 「기만적인 표시·광고 심사지침(공정거래위원회예규 제268호)」를 통해 기만적인 표시·광고의 다섯 가지 유형과 각 유형별 사례들을 아래와 같이 제시하고 있다.

은폐 또는 누락의 대상	사례
사업자정보	부품을 수입하여 국내에서 조립·생산하였음에도 불구하고 이러한 사실을 표시하지 아니하고 "스위스에서 가장 사랑받는 정통고급시계", "○○○Switzerland"라고 일간지 및 잡지 등에 광고하는 경우
제품·용역의 품질·종류·수량·원산지 등	판매하는 교복 중에 이월상품이 포함되어 있음에도 불구하고, 이월상품을 신상품과 동일하게 전시·판매하면서 이월상품이라는 사실을 밝히지 않고 표시·광고하는 경우
가격 또는 거래조건	공공임대아파트의 월 임대료 조건을 표시·광고하면서 임대주택법령상 표준임대료 산정 시 국민주택기금이자를 포함하도록 규정되어 있음에도 불구하고 국민주택기금이자를 포함하지 않고 임대료 조건을 표시·광고하는 경우
사용 또는 이용 과정에서 반드시 알아야 할 정보	중앙일간지 등을 통하여 "○○주유소 △△캐시백포인트 6배 적립" 행사를 광고하면서 기존의 적립비율을 초과하는 부분(초과적립률)에 대하여는 계열사(이동통신회사)의 이동통신서비스를 이용하는 가입회원들에게 지급되고 있는 멤버십포인트를 차감하여 △△포인트로 대체·적립한다는 사실을 밝히지 않은 경우
특정 조건이나 제한적 상황	경품행사에 대해 광고하면서 소비자의 개인정보를 수집하여 제3자에게 제공하는 것을 조건으로 경품을 지급한다는 사실을 숨기고 마치 고객 사은행사의 일환으로 경품을 지급하는 것처럼 광고하는 경우

축소된 사실이 구매선택을 번복시킬 만한 중요한 사실에 해당하는지, 둘째, 그 행위로 인해 소비자가 상품에 관해 오인하였거나 오인할 가능성이 있었는지, 마지막으로 오인으로 인해 소비자의 합리적 의사결정이 저해될 우려가 있었는지 등을 종합적으로 판단한다. 이때 판단의 기준이 되는 중요한 사실에의 해당여부, 소비자오인성, 합리적 의사결정의 저해 가능성 모두 주관이 개입될 수밖에 없는 요건들이다 보니, 판단에 어려움이 따르곤 한다. 이에 정부는 「기만적인 표시·광고 심사지침」을 통해 기만적인 표시·광고의 판단기준과 그에 해당하는 구체적 사례를 적시하고 있다.

2) 행정적 규제가 필요한 표시·광고

부당한 표시·광고에 해당하더라도 모두가 행정적 규제대상이 되어야 하는 것은 아니다. 예를 들어 모든 광고는 잠재적 기만의 가능성을 지니지만, 그렇다고 그들 모두를 규제할 수는 없다. 따라서 우리는 부당하다고 판단될 만한 표시·광고들 가운데서도 행정적 규제대상이 되는 경우와 그렇지 않은 경우를 구분해야 한다.

규제여부를 판단할 때에는 부당한 표시·광고에의 해당여부에 더해 그로 인해 발생한 피해의 수준과 규모를 함께 고려한다. 구체적으로 부당한 표시·광고로 인해 소비자에게 상당한 손해나 피해가 발생하였는지, 그와 같은 피해를 입은 소비자가 상당수 존재하는지 등을 평가한다. 예를 들어 효과를 과장하여 광고한 다이어트 식품이 있었다고 하자. 이때 과장의 수준이 보통의 주의력을 갖춘 소비자라면 속지 않을 수 있는 정도라 소수의 피해자들이 경미한 피해를 입은 경우라면 행정적 규제는 불필요할 것이다. 반대로 동일한 내용의 광고이지만 다이어트에 성공한 유명 연예인, 또는 공신력 있는 전문가가 광고하여 소비자가 그 내용을 신뢰할 가능성이 높고 그로 인해 상당수의 소비자가 손해를 입은 경우라면 행정적 규제의 필요성이 인정될 수 있다.

이렇듯 부당한 표시·광고는 그 범주와 유형이 넓고 다양하며 규제여부를 판단함에 있어 고려해야 할 요건들 또한 많다. 특히 최근에는 표시·광고의 매체와 수단, 기만의 방식이 더욱 다양해지고 있어 부당한 표시·광고 해당여부의 판단이 더욱 복잡해지고 있다. 변화하는 환경에 적절히 대응하기 위해서는 전달의 매체나 구체적인 기만의 방식에 얽매이기 보다는 소비자의 관점에서 그러한 행위가 합리적 의사선택을 저해할 만한 것이었는지 종합적으로 해석할 필요가 있다.

02 | 부당한 표시·광고 규제

부당한 표시·광고는 소비자로 하여금 상품에 대해 잘못 판단하게 함으로써 소비자의 합리적 선택을 저해한다. 이러한 행위는 신체상, 재산상의 직접적인 소비자 피해로 이어질 수 있으며, 나아가 시장에 대한 소비자의 불신과 혼란을 유발할 수도 있다. 따라서 사업자의 특정 정보제공행위가 앞서 설명한 부당한 표시·광고의 요건을 충족하고, 그로 인한 소비자 피해의 규모가 행정적 규제를 필요로 하는 수준이라면, 정부는 법률이 정한 기준과 절차에 따라 해당 표시·광고를 규제하게 된다. 이하 내용에서는 우리나라의 부당한 표시·광고 규제 내용을 규제체계와 유형, 방법으로 나누어 살펴본다.

1) 규제체계

우리나라의 표시·광고 규제는 일반법적 성격의 「소비자기본법」과 「표시광고법」, 그리고 표시와 광고에 관한 규정을 포함하고 있는 많은 개별법에 의해 이루어지고 있다(표 6-1). 이와 같은 체계를 두고 중복규제가 아니냐는 비판도 있으나, 상품군별 특수성을 반영한 개별법과 개별법의 규제대상이 아닌 상품까지도 포괄적으로 관리하기 위한 일반법이 각각의 역할을 상호보완적으로 수행하고 있다고 볼 수 있다.

2) 규제유형

표시·광고규제는 크게 자율과 타율, 사전과 사후규제로 유형화될 수 있다. 먼저 자율과 타율은 표시·광고의 부당성 여부를 판단하고 시정하는 주체가 누구인지에 따라 구분된다. 구체적으로 자율규제는 단일 사업자 또는 다수의 사업자들이 모여 구성한 심의기구가, 타율규제는 정부부처 또는 정부가 위탁한 심의기구가 규제의 주체가 된다. 또한 자율규제는 사업자 또는 자율기구가 스스로 정한 규약에 근거하여, 타율규제는 법이 정한 기준에 근거하여 부당성 여부를 판단하고 시정조치한다는 점에서 다르다. 이들 두 규제방식은 각각의 장점과 단점을 지니는데, 먼저 자율규제는 심의 품목에 대해 가장 잘 알고 있는 사업자들이 심의의 주체가 된다는 점에서 전문성 있는 판단이 가능하지만, 스스로를 심사한다는 점에서 판단의 기준을 낮추

표 **6-1** 표시·광고규제 관련 법률과 행정규칙

구분		법령	행정규칙
상품	식품	식품표시광고법	식품 등 광고 시 준수사항(동법 시행규칙 별표6)
		어린이식생활법	광고 제한 및 금지 대상 고열량·저영양 식품과 고카페인 함유 식품
	의료 의약품 의료기기	의료법	–
		약사법	의약품 광고심의업무 민간위탁 지정
		의료기기법	의료기기 광고사전심의 규정
상품	화장품	화장품법	화장품 표시·광고의 범위 및 준수사항(동법 시행규칙 별표5)
			화장품 표시·광고 실증에 관한 규정
	금융	자본시장법	금융투자업규정
			집합투자증권 투자매매·투자중개 투자광고 지침
		보험업법	보험업감독규정
		대부업법	대부업자 등의 광고 표시기준(동법 시행령 별표1)
	부동산 기타	부동산개발업법	부동산개발의 표시·광고 규정
		담배사업법	담배광고에 대한 경고문구 표기내용
		복권법	복권광고 심사 및 홍보지침
		사행산업통합감독법	사행산업에 관한 광고·선전행위 현장 확인 및 지도·감독 규칙
		청소년보호법	–
		게임산업법	–
		결혼중개업법	–
내용	환경성	환경기술산업지원법	환경성 표시·광고 관리제도에 관한 고시
매체	방송	방송법	방송광고심의에 관한 규정
			가상광고 세부기준 등에 관한 고시
	인쇄물	신문법	–
		정기간행물법	–
	설치물	옥외광고물법	–
	통신	정보통신망법	광고성 정보 전송 기준 위반자에 대한 과태료 부과 지침

거나 느슨하게 심사할 가능성이 있다. 반면 타율규제는 법률에 근거한 엄격하고 명료한 심사가 가능하지만, 심사를 위해 필요한 정부 인력과 예산이 제한적이라는 점에서 많은 양의 표시·광고를 포괄하기 어렵다. 이에 우리나라는 개별 시장의 특성을 고려하여 자율규제와 타율규제 방식을 상호보완적으로 활용하고 있다.

다음으로 표시·광고규제는 부당성 여부를 판단하는 시점이 표시·광고의 공표 전인지 후인지에 따라 사전규제와 사후규제로 구분된다. 구체적으로 사전심의는 제품 또는 광고의 출시 이전에 심사를 통과해야지만 표시·광고가 가능하다는 점에서 일종의 진입규제로서의 역할을 수행한다. 반면 사후규제는 사업자가 자유롭게 표시·광고 행위를 할 수 있도록 하되 법률에 어긋나는 행위가 발견되었고, 그로 인해 소비자 피해가 발생했을 때 선택적으로 심의·제재한다. 본래 우리나라는 2008년까지 지상파 방송광고에 대한 사전심의제도를 유지하고 있었으나, 사전심의제도가 헌법이 금지하는 사전검열원칙에 해당한다는 이유로 폐지되었다. 다만 이후에도 그 특

표 **6-2** 헌법재판소의 표시·광고 사전심의 관련 판결 사례

구분	내용	판결
방송광고 (2008)	• 방송통신위원회로부터 위탁을 받은 한국광고자율심의기구로 하여금 텔레비전 방송광고의 사전심의를 담당하도록 한 것이 헌법이 금지하는 사전검열에 해당하는지 여부에 대해 판단함 • 재판부는 한국광고자율심의기구는 민간이 주도가 되어 설립된 기구이기는 하나 그 구성에 행정권이 개입하고 있고, 위탁받은 업무에 대해 국가의 지휘·감독을 받고 있는 바 위 기구에 의한 사전검열이 행정기관에 의한 사전검열, 즉 헌법이 금지하는 사전검열에 해당한다고 판단함(헌법재판소 2008. 6. 26, 2005헌마506)	위헌
건강기능식품 (2010)	• 건강기능식품의 기능성 표시·광고 사전심의절차가 헌법이 금지하는 사전검열에 해당하는지 여부에 대해 판단함 • 재판부는 건강기능식품 표시·광고의 내용을 심사하여 건강기능식품에 관한 올바른 정보를 제공하고 허위·과장 광고를 방지하여 국민의 건강 증진에 이바지하고자 한 위 제도의 목적은 정당하고, 표시·광고 문안을 사전에 심사하고 이의가 있을 경우 불복절차를 두는 것 또한 적절한 행정적 수단이라 판단함(헌법재판소 2010. 7. 29, 2006헌바75)	합헌
의료광고 (2015)	• 사전심의를 받지 아니한 의료광고를 금지하고 이를 위반한 경우 처벌하도록 한 제도가 헌법이 금지하는 사전검열에 해당하는지 여부에 대해 판단함 • 재판부는 의료광고의 사전심의가 보건복지부장관으로부터 위탁을 받은 각 의사협회가 행하고 있으나 사전심의의 주체인 보건복지부장관이 언제든지 위탁을 철회하고 직접 의료광고 심의업무를 담당할 수 있는 점 등을 종합하여 볼 때, 각 의사협가 행정권의 영향력에서 벗어나 독립적이고 자율적으로 사전심의업무를 수행하고 있다고 보기 어렵고, 따라서 위의 제도가 사전검열금지원칙에 위배된다고 판단함(헌법재판소 2015. 12. 23, 2015헌바75)	위헌
건강기능식품 (2018)	• 사전심의를 받은 내용과 다른 내용의 건강기능식품 기능성광고를 금지하고 이를 위반한 경우 처벌하도록 한 제도가 헌법이 금지하는 사전검열에 해당하는지 여부에 대해 판단함 • 재판부는 건강기능식품법상 기능성 광고의 심의를 식약처장으로부터 위탁받은 한국건강기능식품협회에서 수행하고 있지만, 법상 심의주체는 행정기관인 식약처장이며, 언제든지 그 위탁을 철회할 수 있는 등 건강기능식품 기능성광고 사전심의가 행정권에 의해 행해지는 사전검열, 다시 말해 헌법이 금지하는 사전검열에 해당한다고 판단함(헌법재판소 2018. 6. 28, 2016헌가4, 2017헌바476 병합)	위헌

수성이 인정되는 의료광고, 건강기능식품의 표시·광고에 대한 사전심의가 이루어졌으나, 2015년과 2019년에 두 분야에 대한 사전심의 행위 모두 위헌판결을 받았다. 이로써 우리나라에서는 식품, 의약품, 복권, 의료기기 등을 제외한 대부분의 분야에서 표시·광고 사전심의 제도는 폐지된 상태이다(표 6-2).

3) 규제방법

부당한 표시·광고에 대한 규제방법에는 임시중지명령과 시정조치, 표시·광고내용의 실증제도 등이 있다. 먼저 임시중지명령(preliminary injunction)은 부당한 표시·광고 해당여부를 심사하는 동안 해당 표시 또는 광고 행위를 일시적으로 중지하도록 명령하는 제도이다. 임시중지명령은 부당성 여부가 판별되기 전에 이루어지는 예방적 차원의 조치로서 해당 표시·광고 행위의 부당성이 명백하게 의심되거나, 소비자 또는 경쟁사업자에게 회복하기 어려운 손해가 발생할 우려가 있는 경우에 한정적으로 시행되고 있다. 임시중지명령은 부당한 표시·광고에 대한 소비자의 추가노출을 방지한다는 점에서 의의를 지니나, 중지 그 자체만으로 해당 표시·광고에 이미 노출된 소비자들의 오도된 인식까지는 정정하기 어렵다는 점에서 한계를 지닌다.

다음으로 표시·광고실증제(advertising substantiation)는 사업자가 표시 또는 광고를 통해 주장한 내용의 진위여부를 스스로 입증하도록 하는 제도이다. 임시중지명령이 부당한 표시·광고로 인해 발생할 수 있는 피해를 미연에 예방할 목적으로 시행되는 제도였다면, 광고실증제는 부당성이 의심되는 표시·광고 내용의 실증책임을 사업자에게 부과함으로써 사업자의 책임 있는 광고행위를 유도하고 부당성 심사 절차를 보다 신속하게 진행되도록 하는 제도라고 할 수 있다. 구체적으로 정부는 실증이 필요하다고 판단되는 경우 사업자에게 관련자료의 제출을 요청할 수 있으며, 요청을 받은 사업자는 법이 정한 기한 내에 그 자료를 제출하여야 한다. 실증에 대한 요구는 객관적 자료를 통해 진위여부의 판단이 가능한 내용, 다시 말해 '사실과 관련된 사항'에 한정되며, 그 중에서도 표시 또는 광고의 내용이 인체에 직접적으로 영향을 미치거나, 안전, 환경, 제품의 성능, 효능, 품질에 관한 내용인 경우 등을 주요 대상으로 한다.

마지막으로 시정조치(corrective measures)는 부당한 표시·광고 행위로 오도된 소비자의 인식을 바로잡기 위한 제도이다. 구체적으로 정부는 부당한 표시·광고를 한 사업자에게 시정명령을 받은 사실을 공표하거나, 그 내용을 정정하는 광고를 하도록 명령할 수 있다. 이때 시정조치의 효과를 극대화하기 위해서는 시정조치를 보다 많은 소비자가, 그 내용을 명확하게 이해할 수 있는 방식으로 수행하도록 하는 것이 중요하다. 이에 우리 정부는 관련지침을 통해 정정광고의 문안, 크기, 위치, 게재일과 게재면, 광고 횟수 등을 광고매체별로 상세하게 규정하고 있다.

참고사례

표시·광고실증제의 주요대상

공정거래위원회는 「표시·광고 실증에 관한 운영(공정거래위원회고시 제2015-15호)」를 통해 표시·광고 실증자료요청의 주요대상을 아래와 같이 제시하고 있다.

유형	사례
인체에 직접적으로 영향을 미친다는 내용인 경우	① 건강기능식품의 경우, "담즙분비 촉진효과" 등의 표현 ② "소화흡수율이 95% 이상" 등의 표현 ③ "운동하는 경우와 같은 원리로 지방을 분해하여 복부비만을 없애줍니다" 등의 표현 ④ "장에서 파괴되지 않고, 약 4배 이상 흡수가 잘되며, 신경조직에 침투가 잘 됩니다." 등의 표현
안전 또는 환경과 관련된 내용인 경우	① "미국 FDA 화장품 안정성·무독성 검사에 합격하였습니다" 등의 표현 ② "한국소비자원의 시험결과에서도 ○○제품 '○○○'의 안전성이 입증되었습니다." 등의 표현 ③ "○○란? 석탄을 액화시켜 만든 청정연료로 환경오염을 획기적으로 줄였을 뿐 아니라, 연비의 향상은 물론 주행성을 향상시킨 고성능의 자동차용 대체연료입니다." 등의 표현
성능, 효능, 품질에 관한 내용인 경우	① 내연기관용 윤활유의 경우, "연료절감 10%" 등의 표현 ② "98% 유기농 고급원료로 정성껏 만들었습니다." 등의 표현 ③ "꿈의 연비 한번 주유 서울 ↔ 부산 왕복 2회 1600km 달성, ○○탑재 시 차종에 따라 공인연비 대비 166%~240%의 연비향상을 나타냈습니다." 등의 표현 ④ "스테인리스로 만든 보일러는 동(銅)에 비하여 23배, 철(鐵)에 비하여 4배나 열전도율이 나쁘므로 연료비가 너무 많이 듭니다." 등의 표현
기타 소비자의 구매선택 및 거래질서에 중대한 영향을 미치는 내용인 경우	운동기구의 경우 "○○보다 열량소비율 5배 높음, 근육 강화기능이 40% 더 높음" 등과 같이 비교하는 내용의 표현

1. 허위·과장·기만 광고에 관한 공정거래위원회의 심결례를 찾아보고, 그에 대한 자신의 의견을 정리해 봅시다.
2. 광고 사전심의에 관한 헌법재판소의 판례들을 살펴보고, 광고 사전심의제도의 필요성에 대한 자신의 의견을 정리해 봅시다.

소비자정책

: 이론과 정책설계

소비자안전문제 해결을 위한 정책

소비자안전문제란 '제품·서비스·시설 등을 사용 또는 이용하는 과정에서 발생하는 각종 생명·신체·재산상의 위해(危害)'를 말한다. 소비자안전문제는 20세기 초 소비자정책을 태동하게 한 대표적인 소비자문제이자 소비자 정책이 해결해야 할 가장 기본적인 정책과제로 강조되어 왔다. 제3부에서는 소비자안전문제 해결을 위한 정책의 종류와 내용을 사전예방과 사후대응 단계로 나누어 살펴본다.

7 CHAPTER

소비자안전문제와 소비자정책

소비자안전문제는 왜 등장하게 되었으며, 그 문제를 해결하기 위해 어떠한 정책적 기제들이 활용되어 왔는가? 본 장에서는 소비자안전문제를 둘러싼 주요쟁점과 그 쟁점들을 해결하기 위해 사용되고 있는 정책적 기제들을 개괄적으로 살펴본다.

01 | 소비자안전문제의 주요쟁점

소비자안전문제란 '제품·서비스·시설 등을 사용 또는 이용하는 과정에서 발생하는 각종 생명·신체·재산상의 위해(危害)'를 말한다. 소비자안전문제로 인한 피해는 소비자의 생명, 신체상 안위와 직결되어 있으며, 그 피해가 언제, 어디서, 누구에게 일어날지 예측하기 어렵다. 이렇듯 소비자안전문제는 피해의 심각성이 크고, 소비자들이 직접 피해의 발생을 예방하거나 대응하기 어렵다는 점에서 소비자정책이 해결해야 할 가장 기본적인 과제로 여겨져 왔다. 이하 내용에서는 소비자안전문제를 둘러싼 역사적, 정책적 쟁점들에 관해 살펴본다.

1) 대량생산과 소비자안전문제

소비자안전문제가 사회적 이슈로 부각되기 시작한 계기는 산업혁명이다. 산업혁명 이전에 소비자는 식품, 의복, 생활용품 대부분을 자급자족하거나 마을공동체 안에서 소규모 거래를 통해 얻었다. 그러나 산업혁명 이후에 소비자는 공장에서 대량으로 생산된 완제품을 소비하게 되었다. 제품의 생산과정은 온전히 제조업자의 통제 하에 놓이게 되었고, 소비자는 그들이 구매한 제품을 누가, 어떤 원재료를 가지고, 어떤 제조과정을 거쳐 만들었는지 알 수 없게 되었다. 이렇듯 생산과 소비가 서로 분리된 영역에 놓이고 그 제조과정이 날로 복잡해짐에 따라 위생, 설계상 결함, 제조과정에서의 불량품 발생 등 소비자들이 통제할 수 없는 다양한 위해요인들이 소비자안전을 위협하기 시작했다.

현대사회에 이르러 이러한 문제는 더욱 심화되고 있다. 식품과 전자제품, 생활용품 등 각종 제품의 설계 및 생산과정에 고도로 전문화된 기술들이 활용되기 시작하면서 일반인인 소비자가 제품에 내포된 잠재적 위험성을 이해하고 대응하기란 더욱 어려워 지고 있다. 특히 신제품의 개발 속도, 그리고 그 제품이 시장에 출시되는 속도까지 빨라지면서 전문가들 사이에서도 해당 제품의 안전성에 대한 의견이 일치하지 않는 경우 또한 증가하고 있다. 이러한 변화 속에서 안전문제에 대한 소비자 스스로의 예방과 대응은 더욱 어려운 일이 되고 있다.

2) 안전성의 수준

소비자 안전정책의 도입 초기, 정책의 목표는 모든 위험을 제거한 상태, 다시 말해 완전한 안전(zero risk)에 있었다. 그러나 오늘날 우리가 사용 또는 이용하는 수많은 제품과 서비스의 안전성을 일일이 검증하는 일은 불가능하며, 설사 그것이 가능하더라도 검증에 소요되는 시간과 비용을 고려했을 때 결코 효율적이지 못하다. 이에 오늘날 안전은 완전한 안전과 같은 절대적 개념이 아닌 허용가능한 위험(acceptable risk)과 그렇지 않은 위험 사이의 적정선을 찾는 상대적 개념이 되었다.

문제는 안전성의 수준에 대한 사회구성원들의 생각이 모두 다르며, 그 수준을 결정하기 위해 고려해야 하는 요인들 또한 매우 다양하다는 데에 있다. 안전성의 수준을 결정하는 과정에는 상품이 지닌 위험성에 대한 객관적 평가, 상품의 안전성을 확보하기 위해 소요되는 규제비용에 대한 고려, 추구하고자 하는 안전성의 수준에 대한 사회구성원들의 합의를 이끌어내는 노력 등이 모두 필요하다. 이렇듯 안전성의 수준을 결정하는 작업은 소비자안전정책의 전 영역을 포괄하는, 다시 말해 한 사회가 추구하고자 하는 안전정책의 목표와 형태를 결정하는 작업으로서 그 의의가 매우 크다고 할 수 있다.

참고사례

델라니 조항과 무시할 수 있는 위험

- 델라니 조항(Delaney clauses)이란 1958년 미국의 하원의원 제임스 델라니에 의해 발의된 「식품, 의약품, 화장품법(Food, Drugs, and Cosmetic Act)」의 개정안으로, 발암성이 의심되는 성분이 발견되는 농약, 식품첨가물, 동물용 의약품의 사용을 전면 금지하는 안이었다. 이는 일종의 무관용주의(zero tolerance) 원칙으로 도입 당시에는 식품 안전을 크게 강화한 법안으로 평가되어 소비자들로부터 큰 지지를 받았다.
- 그러나 관련 연구와 검사 기술이 발전함에 따라 극소량의 발암물질은 대부분의 식품에 존재할 수 있으며 인체에 위해하지 않다는 사실이 밝혀지기 시작했고, 1980년대에 들어 미국 식품의약국(FDA)은 델라니 조항을 전면 반박하기에 이르렀다. 식품의약국은 전문가들의 위험평가 결과를 토대로 100만분의 1g 미만의 발암물질은 인체에 유해하지 않은, '무시할 수 있는 위험(de minimis risk)'으로 보았다. 이후 '무시할 수 있는 위험' 개념은 델라니 조항의 예외를 인정하기 위한 방안으로 식품의약국, 환경보호청(EPA)을 비롯한 여러 기관에서 활용되었고, 델라니 조항은 1996년 「식품품질보호법(Food Quality Protection Act)」 제정과 함께 폐지되었다.

---

3) 안전관리체계의 문제

소비자안전정책은 시장에 존재하는 모든 종류의 제품과 서비스, 시설의 안전문제를 모두 포괄한다. 이렇듯 방대한 상품들에 대한 안전관리를 위해서는 다수의 정부부처들이 수개의 소관품목을 중심으로, 개별적으로 정책을 추진할 수밖에 없다. 우리나라의 경우에는 식품과 의약품, 의료기기 등의 안전관리는 식품의약품안전처가, 공산품 안전관리는 산업통상자원부 소속 국가기술표준원이, 각종 세제, 살충제 등 생활화학제품의 안전관리는 환경부가 주관하고 있다.

품목별 안전관리체계는 안전관리의 특성상 품목별로 서로 다른 수준과 내용의 전문성이 요구된다는 점에서 불가피한 측면이 있으나, 필연적으로 규제혼란과 사각

품목별 안전관리체계 보완을 위한 우리 정부의 노력

　"생활화학제품 안전관리 대책(2016. 11)" 시행 이후 우리나라의 제품안전관리는 제품의 용도, 잠재적 위험성의 높낮음을 기준으로 소관부처와 관리품목을 재개편하였다.

〈생활화학제품 안전관리 대책 시행 이전[1]〉

소관부처	산업통상자원부 (기술표준원)	식품의약품안전처		보건복지부 → 식약처(예정)	환경부
관련법 규제대상	전기생활용품안전법 (생활용품)	약사법 (의약외품)	화장품법 (화장품)	공중위생법 (위생용품)	화학물질등록평가법 (생활화학제품)
화장지 물휴지	화장지	구강청소용 물휴지	인체세정용 물휴지	위생종이 (식당용 물휴지, 냅킨)	티슈형 세정제
세정제 인체	화장비누	콘택트렌즈용	샴푸, 린스, 폼클렌저	–	–
세정제 기타	자동차워셔액	–	–	야채·과실, 식기·조리기구용	오븐용, 욕실용 의류용 합성세제

〈생활화학제품 안전관리 대책 시행 이후[2]〉

인체·식품 직접 적용 제품: 약사법, 화장품법, 위생용품법(식약처)

- 의약외품: 콘택트렌즈 용액, 치약, 구중청량제, 소독제(인체용), 휴대용 산소캔 등
- 화장품: 샴푸, 향수, 물비누, 화장비누(고형), 제모왁스, 흑채 등
- 위생용품: 세척제, 헹굼보조제, 1회용 물컵, 숟가락·젓가락, 위생종이, 이쑤시개, 일회용 기저귀, 팬티라이너
  - ■ 문신용 염료는 추후 품목 분류

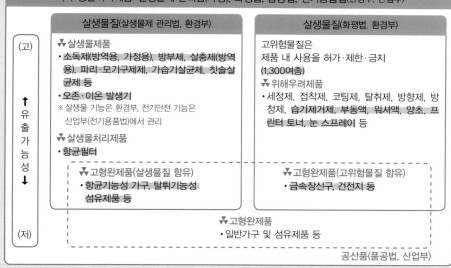

기타 생활화학제품: 살생물제 관리법(가칭), 화평법, 품공법, 전기용품법(환경부, 산업부)

살생물물질(살생물제 관리법, 환경부)

- ▼ 살생물제품
  - 소독제(방역용, 가정용), 방부제, 살충제(방역용), 파리·모기구제제, 가습기살균제, 칫솔살균제 등
  - 오존·이온 발생기
  - ※ 살생물 기능은 환경부, 전기안전 기능은 산업부(전기용품법)에서 관리
- ▼ 살생물처리제품
  - 항균필터
  - ▼ 고형완제품(살생물질 함유)
    - 항균기능성 가구, 탈취기능성 섬유제품 등

살생물물질(화평법, 환경부)

고위험물질은 제품 내 사용을 허가·제한·금지 (1,300여종)
- ▼ 위해우려제품
  - 세정제, 접착제, 코팅제, 탈취제, 방향제, 방청제, 습기제거제, 부동액, 워셔액, 양초, 프린터 토너, 눈 스프레이 등
  - ▼ 고형완제품(고위험물질 함유)
    - 금속장신구, 건전지 등

(고) ↑ 유출가능성 ↓ (저)

▼ 고형완제품
- 일반가구 및 섬유제품 등

공산품(품공법, 산업부)

■ 관리체계가 정비되는 제품

1) 여정성·사지연·이선명(2017), 제품안전 분야에서의 소비자안전관리체계 개선을 위한 현행 제도와 운영실태 분석 연구, 소비자학연구, 28(2), 159-187.
2) 관계부처합동(2016.11), 「생활화학제품 안전관리대책」

지대 문제를 유발할 수밖에 없다. 예를 들어 품목별 관리 체계 하에서는 물휴지라는 하나의 제품에 대해서도 식당용, 인체세정용, 청소용 등 그 용도에 따라 서로 다른 법률과 소관부처가 존재한다. 이 경우 제조업자는 물론 소관부처들 조차 특정 제품이 어느 법률과 부처에 의해 관리되고 있는지 혼란을 겪게 되며, 이 과정에서 관리 누락의 문제가 발생하기도 한다. 최근 신기술 제품의 시장 출시가 가속화되면서 소관부처 중심의 안전관리체계로 인한 관리 누락, 규제 사각지대 문제가 심화되고 있는데, 2011년에 발생한 가습기살균제 피해가 그 대표적인 사례라 할 수 있다.

2016년 우리 정부는 품목별 안전관리체계의 이러한 한계점을 보완하기 위해 "생활화학제품 안전관리 대책"을 발표하고, 의약외품, 화장품, 위생용품, 기타 생활용품 등의 관리체계를 재정비하였다. 재정비의 기준으로는 제품의 용도와 잠재적 위험성의 크기가 사용되었는데, 구체적으로 식품 또는 인체에 직접 적용되는 제품과 그 외 제품이 구분되었고, 인체에 미칠 수 있는 유해성이 높고 소비자들의 사용빈도가 잦은 제품과 유해성과 사용빈도가 낮은 제품으로 나뉘었다. 이로써 우리나라의 식품, 화장품, 의약품 및 위생용품의 관리는 식품의약품안전처가, 생활화학제품 중 인체 유출가능성이 높은 제품은 환경부가, 인체 유출 가능성이 낮은 공산품은 산업통상자원부(국가기술표준원)가 담당하게 되었다.

02 | 소비자안전문제에 대한 접근방법

그렇다면 정부는 소비자안전문제를 해결하기 위해 어떠한 정책적 노력들을 기울이고 있을까? 이하 내용에서는 소비자안전문제 해결을 위해 정부가 어떠한 형태와 체계에 근거하여 대응하고 있는지 그 내용을 개괄적으로 살펴본다.

1) 소비자안전정책의 유형

소비자안전정책의 범주는 그 범위를 광의로 보느냐 협의로 보느냐에 따라 달라질 수 있다. 광의의 소비자안전정책은 세 가지 정책유형을 포함하는데, 크게 위험평가(risk assessment), 위험관리(risk management), 위험소통(risk communication)으로 구분된다(그림 7-1)[9]. 이때 위험평가는 과학적 사실에 근거한 위해성 평가를,

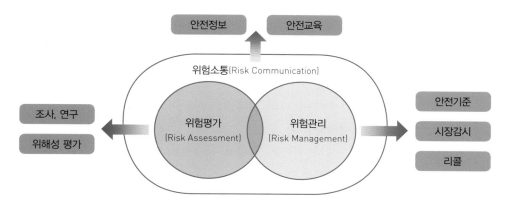

그림 **7-1** 소비자안전정책의 유형

위험관리란 안전기준의 제정, 기준 준수 여부에 대한 시장감시, 안전하지 않은 제품의 회수와 같은 정책적 노력을, 위험소통이란 안전한 상품을 소비하기 위해 필요한 안전정보의 제공과 교육, 소비자와의 의견 교환 등을 일컫는다.

좁은 의미에서 소비자안전정책은 세 가지 정책유형 가운데 위험관리만을 지칭하는 개념으로 쓰인다. 이 경우 위험관리를 위한 소비자안전정책은 위험의 진행양상에 따라 사전예방정책과 시장감시정책, 사후규제정책 등으로 나뉜다. 사전예방정책의 대표적 사례로는 최소품질표준과 영업허가제를 들 수 있는데, 이들 정책은 소비자에게 생명, 신체, 재산상의 피해를 입힐 우려가 있는 제품 또는 서비스가 시장에 유통되지 못하도록 사전에 대비하는 것으로서 진입규제로서의 성격을 지닌다. 시장감시정책에는 품목별 관리 법률에 근거한 안전성 조사, 사업자의 결함정보보고제도, 소비자위해감시시스템(Consumer Injury Surveillance System, 이하 CISS)으로 대표되는 위해정보관리제도가 포함되며, 사후규제정책에는 판매금지와 리콜, 사업허가의 취소와 업무정지 등의 제재조치, 그리고 소비자피해 보상을 위한 각종 법과 제도들이 포함된다.

---

9 "FAO(1997). Risk management and food safety. Report of a Joint FAO/WHO Consultation. FAO Food and Nutrition Paper, 65-27."를 참고로 재구성

2) 소비자안전관리체계

소비자안전관리체계는 위험요인의 진행양상에 따라 크게 사전예방과 시장감시, 사후대응 등 세 단계로 구분될 수 있다. 〈그림 7-2〉는 그 과정을 도식화한 것으로서 안전사고의 발생 이전과 이후에 따라 달라지는 상황적 조건과 그에 따라 차별화되는 정책목표와 기능을 제시하였다.

먼저 사고발생 이전 단계에서 위험은 잠재적 상태로, 이 단계에서의 정책목표는 안전사고의 발생을 사전에 예방하는 데에 있다. 이를 위해서는 아직 밝혀지지 않은 잠재적 위험을 선제적으로 발굴하고, 새로운 위험요인의 시장진입을 막기 위한 안전기준의 마련 또는 정비 등의 정책이 요구된다.

다음으로 시장감시 단계는 잠재적 상태였던 위험이 실체적 위험으로 발현되기 직전의 단계로 이 시기의 정책목표는 정해진 안전기준과 제도가 시장 내에서 원활히 작동하도록 하는 한편, 안전사고 발생사실을 신속하게 감지하는 것을 정책목표로 한다. 이를 위해 정기적 안전성 조사를 통한 시장의 감시와 견제, 시장 내 안전사고를 상시적으로 모니터링하기 위한 제도적 감시체계 등이 요구된다.

마지막으로 사후대응 단계에서는 이미 발생한 안전사고로 인한 피해의 확산을 최소화하는 한편, 피해를 입은 소비자들이 적절한 보상을 받을 수 있도록 하는 데에 정책목표를 둔다. 이를 위해서는 안전사고 발생 초기에 피해의 내용과 규모, 원인 등

그림 **7-2** 소비자안전관리체제

을 신속하게 진단하고, 리콜 등 제도적 장치를 이용하여 피해의 확산을 미연에 방지하는 한편, 발생한 피해에 대한 구제가 원활히 이루어질 수 있도록 하는 제도적 장치가 필요하다.

토의 과제

1. 최근 발생한 소비자안전 이슈 한 가지를 소개하고, 사고의 발생 원인을 소비자안전 관리단계별로 분석해 봅시다.
2. 품목별 안전관리체계가 지니는 장점과 단점을 정리해 봅시다.

8 CHAPTER

사전예방제도

소비자안전문제에 대응하는 가장 바람직한 방법은 안전문제가 발생하지 않도록 사전에 예방하는 것이다. 이때 안전문제의 예방이란 안전하지 않은 제품이나 서비스가 시장에 진입하지 못하도록 사전에 제재하거나 시장에 존재하는 잠재적 위험요인을 사전에 발견하여 선제적으로 대응하는 것을 말한다. 본 장에서는 소비자안전문제의 사전예방 제도로서 최소품질표준과 시장감시제도에 관해 살펴본다.

01 | 최소품질표준

최소품질표준(minimum quality standard)이란 사회적으로 합의된 기준에 부합하지 않는 제품이나 서비스가 시장 내에 유통되지 못하도록 사전에 규제하는 방법으로써 진입규제(entry regulation)의 한 유형에 속한다. 이하 내용에서는 최소품질표준의 기능과 의의, 규제수준과 방법에 관해 살펴본다.

1) 기능과 의의

최소품질표준을 도입함으로써 소비자는 최소한의 안전성을 확보함과 동시에 안전기준에 미달하는 제품이나 서비스를 피하기 위한 정보탐색노력을 절감할 수 있다. 최소품질표준은 특정 상품의 시장진입을 직접적으로 제재하는 정책기제라는 점에서 규제의 강도가 세고 시장에 미치는 영향력이 크다. 특히 과학기술의 발전 속도가 빨라지면서 상품의 안전성을 판별하기 위해 필요한 전문지식의 수준 또한 높아지고 있는데, 이러한 환경에서 최소품질표준은 소비자 스스로 회피하기 어려운 위험으로부터 사회 구성원들을 보호하는 최소한의 장치로써 그 역할이 더욱 강조되고 있다.

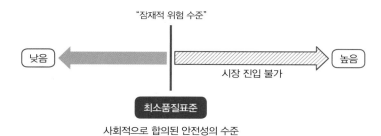

그림 **8-1** 최소품질표준의 개념

그러나 최소품질표준은 시장에 미치는 영향력이 크고 강력한 정책기제인 만큼 높은 규제비용과 부작용을 유발하기도 한다. 먼저 시장에서 판매되는 수많은 종류의 상품들에 대한 안전기준을 정하고, 그 기준의 충족 여부를 일일이 확인하는 데에는 매우 많은 인력과 예산이 요구된다. 실제로 소관품목 중심의 안전관리체계를 적용하고 있는 우리나라의 경우 사실상 정부 내 모든 부처가 하나 이상의 제품 또는 서비스에 관한 안전규제업무를 수행하고 있다. 사업자도 최소품질표준으로 인한 비용을 부담한다. 예를 들어 한 사업자가 신제품을 개발하여 시장에 판매하고자 할 때, 관련법이 사전에 안전인증을 받도록 규정하고 있다면 사업자는 인증을 획득하기까지의 시간과 경제적 비용을 감수하게 된다. 그리고 이 같은 시간과 비용은 때때로 다른 사업자에게 시장 선점의 기회를 빼앗기게 하거나 인증비용에 부담을 느끼는 소규모 사업자의 시장진입을 저해하는 원인이 되기도 한다. 또한 최소품질표준으로 인해 발생하는 비용은 판매가격에 반영되며, 소비자는 이전보다 비싼 가격에 상품을 구매하게 된다. 결과적으로 최소품질표준의 존재는 안전성이 떨어지더라도 상대적으로 저렴한 상품을 구매하고자 하는 소비자의 선택권을 제한하게 된다.

2) 규제수준의 결정

살펴본 바와 같이 최소품질표준은 소비자안전문제를 사전에 예방하는 가장 효율적인 정책기제인 동시에 정부와 사업자, 그리고 소비자 모두에게 다양한 형태의 정책비용을 부담시킨다. 따라서 최소품질표준을 도입함에 있어 가장 중요한 쟁점은 최소품질표준으로 인해 발생하는 효용과 비용 사이의 최적점, 다시 말해 우리 사회에 적합한 최적의 안전규제 수준을 정하는 것이다.

안전규제 수준의 결정은 위험평가, 관리, 소통 등 안전정책의 유형별로 서로 다른 기준에 근거하여 이루어진다. 먼저 위험평가(risk assessment) 측면에서 안전규제 수준은 현 시점의 과학적 지식수준에서 평가되는 위해의 심각성과 발생가능성을 종합적으로 고려하여 결정된다. 이 방법은 위험의 평가가 전문가들에 의해 이루어진다는 점, 위험의 크기를 산술적으로 평가한다는 점에서 가장 객관적인 규제수준 결정방법으로 평가된다. 그러나 현재의 지식수준에서 미처 예측할 수 없는 잠재적 위험요인이 날로 증가하고 있기 때문에 과학적 위험평가의 결과 또한 절대적이라고 보기 어렵다.

다음으로 위험관리(risk management) 측면에서 안전규제 수준은 규제의 효용과 비용 사이의 결정이다. 안전성 검증을 의무적으로 강제할 것인지, 사업자 스스로 관리하도록 할 것인지 또는 안전성을 사전에 검증하여 기준을 충족하는 상품만이 시장에 출시되도록 할 것인지, 선출시 후 안전기준에 미달하는 상품에 대해 사후 규제와 처벌을 단행할 것인지 등의 결정을 말한다. 수많은 종류의 제품과 시설서비스를 모두 포괄해야하는 소비자안전규제의 특성 상 시장에 출시되는 모든 상품의 안전성을 정부가 직접 관리하기란 사실상 불가능하다. 그러므로 위험관리의 측면에서는 위험의 크기와 규제비용, 규제를 통해 얻는 긍정적·부정적 결과를 종합적으로 고려하여 안전규제의 수준을 결정하게 된다.

마지막으로 위험소통(risk communication) 측면에서 안전규제 수준은 전문가가 평가한 객관적 위험수준과 소비자들이 요구하는 심리적 안전수준 사이의 적정선에 관한 결정이다. 위해의 심각성과 발생가능성을 종합적으로 고려하여 위험의 크기를 분석적으로 평가하는 전문가와 달리 소비자는 위험을 감정적으로 평가하고 받아들인다. 문제는 이러한 위험인식의 차이가 큰 사회적 갈등과 비용을 유발하는 경우들로, 최근 정부에서는 이와 같은 갈등을 해결하기 위해 안전규제 정책결정과정에서의 소비자 참여방안을 지속적으로 모색하고 있다.

「전기생활용품안전법」상 안전규제수준 차등 사례

「전기생활용품안전법」은 제품의 시장 출시 여부를 위험성의 수준에 따라 안전인증, 안전확인, 공급자적합성확인제도로 차등하여 판단하도록 하고 있다. 구체적으로 안전인증은 위해도가 가장 높은 품목에 적용되는 제도로서 공장심사와 제품검사를 모두 통과하고 안전인증을 획득하여야만 제품을 판매할 수 있다. 안전확인은 위해도가 상대적으로 낮은 품목에 적용되는 제도로서 사업자가 제품의 안전성을 공인기관에 자율적으로 의뢰하여 확인하고 그 결과를 첨부하여 신고기관에 신고하면 제품을 판매할 수 있다. 마지막으로 공급자적합성확인은 위해도가 가장 낮은 품목에 적용되는 제도로서 제조업자 또는 수입업자가 스스로, 또는 공인기관이 아닌 제3의 기관에 의뢰하여 안전성을 확인하기만 하면 별도의 인증이나 신고절차 없이 바로 판매가 가능하다.

〈시장 출시 전 안전관리제도〉

구분		적용 절차				
안전인증		제품시험 + 공장심사 → 인증 → 판매				
안전확인		제품시험 ──────── 신고 → 판매				
공급자 적합성 확인	전기용품					
	생활용품	제품시험 ──────── 판매				

소비자 위해도: 높음 ↑ ↓ 낮음

3) 규제방법과 사례

최소품질표준을 이용한 진입규제 방법의 대표적 사례로는 상품 또는 시설에 적용되는 안전기준과 서비스 제공자에게 적용되는 직업면허제도가 있다. 이하 내용에서는 두 제도의 구체적 내용과 관련 사례들을 살펴본다.

(1) 안전기준

안전기준(safety standards)이란 소비자의 생명과 신체를 보호하기 위해 사회적으로 요구되는 안전성 수준을 객관화된 기준으로 정리하여 명시한 것을 말한다. 안전기준의 도입과 적용은 통상 개별법에 근거하여 이루어지는데, 법률마다 해당 제품이나 시설에 대한 안전기준 설정방법과 집행방법, 위반 시 처벌규정에 관한 조항을 두고 있다. 한편 사업자들이 준수해야 할 구체적 기준들은 각종 고시 및 정책 가이드라인을 통해 적시하고 있다. 안전기준에는 상품이 충족해야 할 안전성 수준뿐만 아니라 상품의 성분과 사용·보관상 주의사항 등 소비자에게 제공되어야 할 안전정보 표시사항이 함께 포함되어 있다.

표 **8-1** 상품 안전기준의 주요사례

품목	소관부처	근거법령	행정규칙
어린이제품	산업부	어린이제품안전법	어린이제품 공통안전기준 안전인증대상 어린이제품의 안전기준 안전확인대상 어린이제품의 안전기준
전기생활용품	산업부	전기생활용품안전법	공급자적합성확인대상용품의 안전기준 안전기준준수대상용품의 안전기준 안전확인대상용품의 안전기준
식품	식약처	식품위생법	건강기능식품의 기준 및 규격 건강기능식품의 표시기준 수입식품 등의 검사에 관한 규정 어린이기호식품 품질인증기준 유전자변형식품 등의 안전성 심사 규정
의약외품	식약처	약사법	의약외품에 관한 기준 및 시험방법
위생용품	식약처	위생용품관리법	위생용품의 기준 및 규격 제정고시
생활화학제품 살생물제품	환경부	화학물질등록평가법	위해우려제품 지정 및 안전·표시기준

표 **8-2** 시설 안전기준의 주요사례

품목	소관부처	근거법령	행정규칙
음식점	식약처	식품위생법	음식점 위생등급 지정 및 운영관리 규정 소비자 위생점검에 관한 기준
체육시설	문체부	체육시설법	체육시설업의 시설 기준
워터파크	문체부	관광진흥법	물놀이형 유원시설업자의 안전·위생기준
공기질	환경부	실내공기질관리법	실내공기질공정시험기준

(2) 직업면허

직업면허(occupational licensing)란 특정 직업군에 대해 일정한 자격요건을 정하여 이를 충족하는 사람들만이 그 직종에 종사할 수 있도록 허가하는 제도를 말한다. 예컨대 의사, 약사, 간호사 등 의료 서비스 종사자, 변호사, 법무사 등 법률 서비스 종사자, 공인회계사, 세무사 등 금융 서비스 종사자 등이 여기에 해당한다. 이들 서비스는 일정 자격을 갖추지 못한 사람으로부터 서비스를 받았을 때 발생할 수 있는 피해가 소비자의 건강, 안전, 재산상의 이익과 직결되어 있으며, 서비스의 적절성을 비교·평가하기 위해 상당한 수준의 전문지식을 필요로 한다. 때문에 전문지식을 갖추지 못한 소비자는 이들 서비스의 안전성과 품질을 스스로 평가하지 못하며, 그로 인한 선택 위험에 그대로 노출된다. 직업면허제도란 이러한 위험들로부터 소비자를 보호하기 위해 마련된 것으로서 의료, 법률, 금융 등과 같은 전문화된 서비스의 최소품질을 국가가 정하고 관리하는 제도라고 볼 수 있다.

표 **8-3** 법률상 직업면허제도 규정 사례

면허종류	근거법령	관련조항
의료인	의료법	제5~7조(…면허) 의사, 치과의사, 조산사, 간호사가 되고자 하는 자는 해당하는 자격을 가진 자로서 해당 국가시험에 합격한 후, 보건복지가족부장관의 면허를 받아야 한다. 제27조(무면허의료행위 등 금지) 의료인이 아니면 누구든지 의료행위를 할 수 없으며 의료인도 면허된 것 이외의 의료행위를 할 수 없다. (생략)
변호사	변호사법	제4조 다음 각 호의 어느 하나에 해당하는 자는 변호사의 자격이 있다. 1. 사법시험에 합격하여 사법연수원의 과정을 마친 자 2. 판사나 검사의 자격이 있는 자 3. 변호사시험에 합격한 자
세무사	세무사법	제3조 다음 각 호의 어느 하나에 해당하는 자는 세무사의 자격이 있다. 1. 제5조의 세무사 자격시험에 합격한 자

02 | 시장감시제도

시장감시제도(market surveillance system)란 소비자안전을 위협하는 잠재적 위험요인을 사전에 또는 최대한 신속하게 발견하여 대응하기 위한 각종 제도들을 일컫는다. 시장감시제도는 크게 위해발생사실에 관한 정보를 체계적으로 관리하는 제도와 시장 내에 유통되고 있는 제품 및 서비스의 안전기준 준수 여부를 점검·감시하는 제도로 나뉜다. 이하 내용에서는 시장감시제도의 구체적인 사례로 위해정보관리제도와 결함정보보고제도, 안전성 조사제도에 관해 살펴본다.

1) 위해정보관리제도

위해정보관리제도란 상품이나 서비스를 사용 또는 이용하는 과정에서 발생한 생명, 신체, 재산상의 피해 정보를 수집, 분석하는 정보관리 시스템을 말한다. 위해정보관리제도는 소비자들이 경험하는 안전문제의 현황과 특성을 신속하게, 그리고 종합적으로 파악하게 해준다는 점에서 시장감시 기제인 동시에 소비자안전정책의 방향을 설계하는 근거자료로 활용된다.

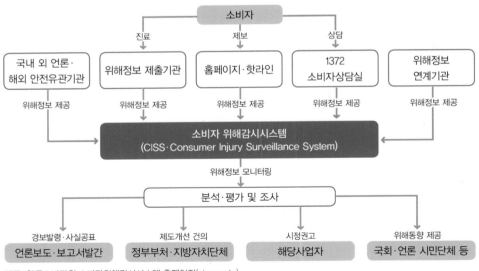

자료: 한국소비자원 소비자위해감시시스템 홈페이지(ciss.go.kr)

그림 8-1 소비자위해감시시스템(CISS)의 운영체계

우리나라의 위해정보관리제도로는 한국소비자원 내 소비자안전센터가 운영하고 있는 소비자위해감시시스템(CISS)이 있다. 구체적으로 CISS는 사업자가 제공한 물품이나 용역 등으로 인해 발생한, 또는 발생할 우려가 있었던 위해에 관한 정보를 수집한다. 이때 천재지변에 의한 사고, 자해·폭행에 의한 사고, 산업재해, 교통사고 등은 수집대상에서 제외된다. CISS 데이터의 수집은 병원, 소방서 등 공정거래위원회가 지정하는 위해정보제출기관과 소방청, 국가기술표준원 등의 연계기관, 1372 소비자상담센터, 홈페이지·핫라인을 통한 소비자 직접 신고, 국내외 언론 등 다양한 채널을 통해 이루어지며, 수집항목은 위해물품, 위해발생장소와 경위, 위해의 내용과 부위, 위해를 입은 소비자의 인적사항 등이다. CISS는 소비생활 전반을 포괄하는 국내 유일의 위해정보 데이터베이스로서 소비자안전 관련 제도개선이 필요한 품목을 규명하고, 개선의 방향을 가늠하는 데에 중요한 근거자료로 활용되고 있다.

참고사례

해외의 위해정보감시시스템 운영현황

- 미국의 위해정보감시시스템인 NEISS(National Electronic Injury Surveillance System)는 1971년 시스템 구축 작업에 착수하여, 소비자제품안전위원회(CPSC)가 설립된 1973년부터 본격적으로 가동되었다. NEISS는 지리적 분포, 병원 규모 등을 고려하여 선정된 미국 내 100여 개의 병원 응급실을 대상으로 위해정보를 수집하고 있다.
- EU의 위해정보감시시스템인 IDB(Euro Injury Database)는 2011년 재개편되었다. IDB를 통해 유럽은 위해의 심각성, 위해 유형별로 서로 다른 시스템에 의해 수집·관리되던 위해정보 수집체계를 하나로 일원화시켰다. 현재 IDB는 20여 개 회원국 내 100여 개의 병원 응급실로부터 위해정보를 수집하고 있으며, 정보의 수집범위에 따라 FDS(Full Data Set)와 MDS(Minimum Data Set) 2개의 코딩 체계를 사용하고 있다.

	한국	미국	EU
위해정보시스템	CISS	NEISS	IDB
운영주체	한국소비자원	CPSC	EU DG SANTE
근거법령	소비자기본법	CPSA	GPSD
수집채널	병원, 소방서, 상담(1372)	CPSC 지정 병원 응급실	EU 국가별 선정 응급실

*CPSC: Consumer Product Safety Commission
*CPSA: Consumer Product Safety Act
*DG SANTE: Directorate-General for Health and Food Safety
*GPSD: General Product Safety Directive

2) 결함정보보고제도

결함정보보고제도란 사업자가 제조·설계·표시 상의 중대한 결함으로 인해 소비자의 생명, 신체 또는 재산에 위해를 끼치거나 끼칠 우려가 있다는 사실을 알게 된 경우 그 사실을 정부에 보고하도록 의무화한 제도이다. 이때 보고의무를 지니는 사업자에는 제조업자뿐만 아니라 수입·판매업자까지 모두 포함되며, 보고 시에는 물품 등의 명칭과 제조연월일 또는 공급연월일, 사업자의 이름, 주소 및 연락처, 중대한 결함 및 위해의 내용, 중대한 결함사실을 알게 된 시점과 경로, 소비자 피해가 실제 발생한 경우 피해를 입은 소비자의 인적사항까지 상세히 적어야 한다. 다만 의무보고의 대상이 되는 결함정보는 그 결함이 중대한 것일 때로 한정되는데, 이때 중대한 결함이란 관계 법령이 정하는 안전기준을 위반한 결함이거나 사망, 3주 이상의 치료가 필요한 신체적 부상이나 질병, 또는 2명 이상의 식중독을 야기했거나 야기할 우려가 있는 경우를 말한다. 중대한 결함의 존재를 알고도 보고하지 않거나 거짓으로 보고하는 경우에는 3천만 원 이하의 과태료가 부과된다.

결함정보보고제도는 소비자의 생명·신체·재산상 피해를 예방하기 위한 시장감시 의무를 사업자에게까지 확대 적용한 제도라는 점에서 의의가 있다. 특히 기술 전문성이 심화되고 있는 최근의 시장 환경에서 사업자는 제품에 중대한 결함이 존재한다는 사실을 가장 빨리, 그리고 가장 정확히 파악할 수 있는 시장주체이다. 때문에 중대한 결함의 존재 사실에 대한 사업자의 보고의무를 법적으로 부여하고, 그 의무를 어길 시 과태료를 부과하도록 한 결함정보보고제도는 시장감시기능 수행을 위한 중요한 정책기제 중 하나라 할 수 있다.

3) 안전성 조사제도

시장에 유통되고 있는 제품, 시설, 서비스의 안전성을 점검하기 위한 방법에는 품목별로 실시되는 안전성 조사와 신제품 등 비관리제품에 대한 안전성 조사가 있다.

(1) 안전기준 준수 여부의 조사

소관품목 중심의 우리나라 소비자안전정책 추진체계 상 안전기준 준수 여부의 조사는 서로 다른 주체와 법률에 근거하여 이루어지고 있다. 통상적으로 안전성 조사의 필요성이 인정될 때, 소관부처의 장 또는 시도지사는 제조, 수입, 판매업자에 필요한 사항을 보고하도록 하거나 시료를 직접 수거하여 검사를 진행할 수 있다. 안전성 조사는 대부분 비정기적으로 이루어지고 있으나, 최근 개정된「전기생활용품안전법」은 안전인증대상제품에 한하여 2년에 1회 안전성 유지 여부를 정기적으로 검사받도록 규정하였다.

한편 한국소비자원에는 소비자안전시책을 종합적으로 지원하기 위한 기구인 소비자안전센터가 설치되어 있다. 소비자안전센터는 위해정보의 수집과 처리, 소비자안전을 확보하기 위한 조사 및 연구, 위해 물품 등에 대한 시정건의 등의 업무를 포괄적으로 수행한다. 특히 개별 품목에 대한 안전관리업무를 담당하는 타 부처들과 달리 한국소비자원은 소비자들이 사용 또는 이용하는 모든 종류의 제품, 서비스, 시설의 안전성을 조사대상으로 하는데, 이러한 측면에서 품목중심의 안전관리체계를 보완하는 기구로서 그 기능과 역할이 강조되고 있다.

표 **8-4** 관련법상 안전성 조사 제도 운영 사례

품목	부처	근거법률	조사형태
전기생활용품	산업부 (국가기술표준원)	전기생활용품안전법	안전인증대상 제품에 한하여 2년에 1회 정기검사를 실시(제7조) 필요시 보고 또는 직접검사(제41조)
생활화학제품	환경부	화학제품안전법	필요시 보고 또는 직접검사(제50조)
의약품·의약외품	보건복지부 식약처	약사법	필요시 보고 또는 직접검사(제69조)
화장품	식약처	화장품법	필요시 보고 또는 직접검사(제18조)

(2) 비관리제품의 안전성 조사

최근 신제품 출시 속도가 가속화되고 제품군이 세분화됨에 따라 소관품목 중심의 안전관리체계로 인한 규제사각지대 문제가 점점 더 심각해지고 있다. 이에 잠재적 위험성을 지닌 비관리품목을 선재적으로 발굴하거나, 비관리품목으로 인한 위해 발생 사실을 신속하게 파악하고 대응하기 위한 시장감시 기제의 필요성이 지속적으로 대두되었다. 이러한 요구에 대응하기 위해 국무총리실 소속 제품안전정책협의회는 2017년 비관리제품의 안전관리체계를 신설하였다. 새로운 체계에 따라 정부는 매년 유통매장에 등록된 제품 전수를 조사하여 비관리제품을 발굴하고, 이 가운데

위해관리의 필요성이 인정되는 제품에 대해서는 소관부처와 협의하여 안전관리 방안을 신속하게 결정하고 있다.

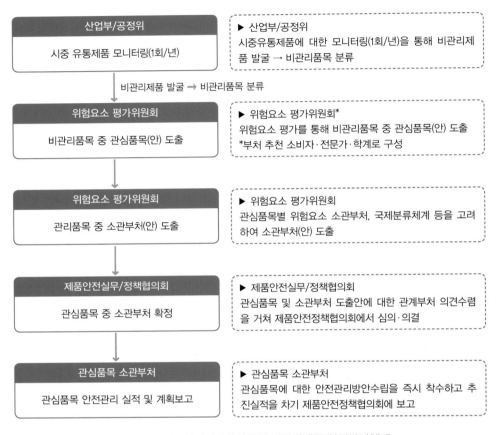

그림 **8-2** 제품안전정책협의회의 비관리제품 안전관리체계

토의 과제

1. 앞서 살펴본 표시규제와 진입규제(최소품질표준)의 특징을 서로 비교해 봅시다.
2. 비관리제품 안전관리체계의 의의를 평가하고, 추후 제도적 개선이 필요한 부분은 없는지 생각해 봅시다.

9
CHAPTER

사후대응제도

안전사고를 사전에 예방하는 것에 실패했다면, 그 다음은 불특정 다수의 소비자들이 동일한 피해를 입지 않도록 피해의 확산을 미연에 방지하거나 발생한 피해에 대한 적절한 보상이 이루어질 수 있도록 하는 노력, 다시 말해 사후대응제도가 필요하다. 사후대응제도의 사례로는 리콜제도와 결함에 의한 피해구제제도를 들 수 있다. 이하 내용에서는 두 제도의 내용과 의의, 운영방식 등을 종합적으로 살펴본다.

01 | 리콜제도

리콜제도(recall)는 소비자의 생명, 신체 및 재산상에 위해를 끼치거나 끼칠 우려가 있는 경우, 해당 제품에 대한 수거, 파기 및 수리, 교환, 환급 등의 조치를 공개적으로 취함으로써 위해의 확산을 미연에 방지하는 제도이다. 이하 내용에서는 리콜제도의 기능과 의의, 제도의 운영방식 등에 관해 상세히 살펴본다.

1) 기능과 의의

우리나라는 모든 제품과 서비스를 아우르는 「소비자기본법」과 자동차, 식품, 공산품, 의약품 등 개별품목에 관한 관리 법률에 리콜에 관한 규정을 두고 있다(표 9-1). 즉 우리나라의 리콜제도는 모든 제품과 서비스를 포괄하지만, 품목에 따라 서로 다른 리콜의 대상과 요건, 제도 시행의 주체 등을 규정하고 있다.

리콜제도는 실제로 발생하지 않았지만 발생할 우려가 있는 잠재적 피해에 선제적으로 대응하도록 하는 제도이다. 이는 정부가 리콜제도를 통해 사업자에게 매우 강력한 소비자보호 책임을 요구하고 있음을 의미한다. 또한 리콜제도는 잠재적 피해자들에게 위해의 존재 사실을 알리기 위해 제품에 대한 리콜이 이루어지고 있다는 사실을 신문, 방송, 인터넷 홈페이지 등을 통해 널리 알리도록 하고 있다. 이와 같은 조치는 제품에 대한 결함 사실을 공개적으로 인정하는 행위라는 점에서 역시 사업자의 부담이 크다고 할 수 있다. 이렇듯 리콜제도는 소비자에게 발생할 수 있는 생명, 신체, 재산상의 피해의 확산을 방지하기 위해 사업자에게 상당한 수준의 책임과 의무를 부과하는 매우 강력한 정책적 제재 수단이라고 할 수 있다.

표 **9-1** 품목별 리콜의 근거법률과 소관부처

품목	근거법률	소관부처	리콜의 요건
모든 물품 및 용역	소비자기본법	중앙행정기관의 장 시·도지사 소비자원	소비자의 생명·신체 및 재산상의 안전에 현저한 위해를 끼치거나 끼칠 우려가 있는 경우 등
식품	식품위생법	식약처장 시·도지사 시장·군수·구청장	식품위생상 위해가 발생하였거나 발생할 우려가 있다고 인정되는 경우 등
	식품안전기본법	관계 중앙 행정기관의 장	국민건강에 위해가 발생하였거나 발생할 우려가 있다고 인정되는 때
건강기능식품	건강기능식품에 관한 법률	식약처장 시장·군수·구청장	위생상의 위해가 발생하였거나 발생할 우려가 있다고 인정되는 경우 등
축산물	축산물위생관리법	식약처장 시·도지사 시장·군수·구청장	공중위생상 위해가 발생하였거나 발생할 우려가 있는 경우 등
의약품	약사법	식약처장 시·도지사 시장·군수·구청장	공중위생상 위해가 발생하였거나 발생할 우려가 있는 경우 등

(계속)

품목	근거법률	소관부처	리콜의 요건
의료기기	의료기기법	식약처장 시·도지사 시장·군수·구청장	의료기기를 사용하는 도중에 사망 또는 인체에 심각한 부작용이 발생하였거나 발생할 우려가 있는 경우 등
공산품	제품안전기본법	중앙행정기관의 장	제품의 제조·설계 또는 제품상 표시 등의 결함으로 인해 소비자의 생명·신체 또는 재산에 위해를 끼치거나 끼칠 우려가 있는 경우 등
공산품	전기용품 및 생활용품 안전관리법	시·도지사	안전인증을 받지 않았거나 안전기준에 부적합한 경우 등
공산품	화학물질의 등록 및 평가 등에 관한 법률	환경부장관	안전기준·표시기준에 적합하지 아니한 위해우려제품을 판매·증여함으로써 사람의 건강이나 환경에 피해를 초래할 수 있다고 인정하는 경우 등
공산품	어린이제품안전 특별법	산업통상자원부장관	어린이의 생명·신체에 위해를 끼치거나 끼칠 우려가 있는 경우 등
공산품	환경보건법	환경부장관	환경유해인자의 사용제한 등 고시내용을 지키지 아니하거나 위해성평가 결과 위해성이 크다고 인정되는 경우 등
자동차	자동차관리법	국토교통부장관	자동차 또는 자동차부품이 안전기준에 적합하지 아니하거나 안전운행에 지장을 주는 결함이 있는 경우
자동차 배출가스	대기환경보전법	환경부장관	배출가스 관련부품에 대한 결함 확인 검사 결과 제작차 배출 허용기준을 위반하였을 경우
먹는물	먹는물관리법	환경부장관 시·도지사	먹는샘물 등의 수질이나 용기와 포장 등이 기준에 미달하여 국민건강상의 위해가 발생하거나 발생할 우려가 있는 경우
화장품	화장품법	식약처장	전부 또는 일부가 변패된 경우, 병원 미생물에 오염된 경우, 이물이 혼입되었거나 부착된 경우 등
가공제품	생활주변방사선 안전관리법	원자력안전위원회	가공제품이 안전기준에 적합하지 아니하거나, 가공제품에 포함된 천연방사성핵종을 함유한 물질이 공기 중에 흩날리거나 누출되는 경우 등

2) 리콜제도의 운영

(1) 리콜의 이행절차와 형태

리콜제도는 특정 상품으로 인해 발생한 위해를 인지하는 것에서 시작된다. 그리고 위해를 인지한 것이 사업자인지, 품목의 안전관리를 담당하고 있는 부처 또는 지자체인지에 따라 리콜의 이행형태가 구분된다(그림 9-1). 구체적으로 리콜의 이행형태는 자발적 리콜과 리콜권고, 리콜명령 등 세 가지로 구분된다(표 9-2). 위해의 인지와 사후조치가 사업자에 의해 자발적으로 이루어지는 경우가 자발적 리콜, 위해의 인지와 사후조치의 권고 또는 명령이 정부부처 또는 지자체에 의해 이루어지는 경우가 리콜권고와 명령에 해당한다.

각각의 제도에 대해 좀 더 자세히 살펴보면, 먼저 자발적 리콜은 제품의 제조·수입·판매업자가 제품에 존재하는 결함을 발견하고, 그에 대응하기 위해 스스로 리콜절차를 개시하는 경우이다. 이 경우 사업자는 일정한 사항이 포함된 자진시정계획서를 소관 중앙행정기관의 장에게 제출해야 하며, 자진시정조치를 마친 후에는 그 결과를 다시 소관 중앙행정기관의 장에게 보고하여야 한다.

다음으로 리콜권고는 중앙행정기관의 장이 결함제품에 대한 리콜의 필요성을 사업자에게 알리는 것으로 사업자는 그 권고의 수락 여부를 선택할 수 있다. 단, 권고를 받은 사업자는 권고의 수락 여부를 중앙행정기관의 장에게 통지할 의무를 지니며, 만약 권고를 받은 사업자가 정당한 사유 없이 권고를 따르지 아니한 때에 중앙행정기관의 장은 해당 사업자가 권고를 받은 사실을 공표할 수 있다. 사업자가 권고를 수락한 경우에는 필요한 조치를 자발적으로 이행해야 한다. 리콜권고는 「소비자기본법」과 「제품안전기본법」에서만 규정하고 있는 특수한 리콜 유형으로서, 그 외 법률에서는 사업자의 자발적 리콜과 중앙행정기관 장의 리콜명령 두 가지 유형만을

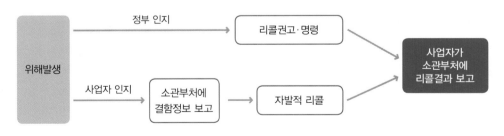

그림 **9-1** 리콜의 이행절차

규정하고 있다.

마지막으로는 리콜명령은 중앙행정기관의 장이 리콜을 명령하는 경우로 리콜권고와 달리 시정명령을 받은 사업자가 그 조치를 의무적으로 이행해야 한다. 구체적으로 사업자는 명령을 받은 날로부터 7일 이내에 시정계획서를 소관 중앙행정기관의 장에게 제출하여야 하며, 지체 없이 그 계획을 이행해야 한다. 시정조치기간 이내에 사업자가 적절한 조치를 취하지 않을 시 중앙행정기관의 장은 소속 공무원에게 그 조치를 명할 수 있으며, 리콜이행에 소요된 비용은 사업자가 부담한다. 이때 리콜명령은 사업자에게 상당한 영업상 손실을 초래할 수 있으므로 그 조치를 이행하기에 앞서 해당 사업자의 의견을 듣는 청문 또는 사실 확인을 위한 실태조사를 실시하여야 한다. 다만 소비자의 생명·신체·재산 상 발생할 수 있는 위해의 성격이 긴급하고 현저하다면 청문 등 리콜명령에 있어 요구되는 공식절차를 생략할 수 있다.

표 **9-2** 리콜의 이행형태 비교

	자발적 리콜	리콜권고	리콜명령
이행주체	사업자	정부부처 또는 지자체	
이행의 강제성	없음	없음	있음

(2) 리콜에 따른 사후조치

사업자의 자발적 리콜이나 정부기관의 리콜권고 또는 명령에 의해 리콜이 결정되었다면, 이후 소비자는 결함의 내용과 수준에 따라 제품의 수리, 교환, 환급 또는 파기 등의 조치를 받을 수 있다. 이때 수리는 해당제품의 부품교환 등을 통해 결함의 완전한 시정이 가능한 경우에 시행하며, 교환은 수리가 불가능한 때, 결함이 없는 동종 또는 동등한 제품과 교체하는 것을 말한다. 환급은 결함제품의 수리 또는 사용이 불가능할 때 구입가격을 환불해주는 것을, 마지막으로 파기는 위해요인 제거와 보관비용 절감을 위한 결함제품의 처리를 의미한다. 다만, 이들 네 가지 조치는 제품이 이미 소비자에게 판매된 경우 이루어지는 사후조치들로 중앙행정기관이 리콜명령을 내릴 시에는 별도로 제조·수입·판매 또는 제공의 금지를 명할 수 있다.

(3) 리콜정보의 제공

리콜제도의 주된 목적은 제품의 결함으로 인해 발생 가능한 잠재적 피해를 미연에 방지하는 것에 있다. 즉 리콜의 효과가 극대화되기 위해서는 제품에 결함이 존재한다는 사실, 그리고 그 결함으로 인한 피해를 예방하기 위해 리콜이 시행되고 있다는 사실을 최대한 많은 소비자들에게 알리는 일이 그 무엇보다 중요하다. 이를 위해 리콜 관련 법률들은 리콜의 이행사실을 담당 부처 또는 지자체의 홈페이지, 사업자의 홈페이지, 나아가 신문·방송 등 대중매체를 통해 공개토록 하고 있다.

최근 우리 정부는 리콜제도의 효과성을 극대화하기 위해 리콜 정보의 제공 방식과 매체를 소비자친화적인 방향으로 개선하는 노력을 기울이고 있다. 구체적으로 공정거래위원회는 2017년 "리콜 공통 가이드라인"을 통해 위해성의 수준에 따라 리콜 정보 전달 매체를 차등하는 위해성 등급제의 적용 품목을 확대하고, 소비자들에게 제공되는 리콜 정보의 내용을 확대하는 등의 방안을 제시하였다. 또한 2017년 개정된 「자동차관리법」은 리콜의 이행사실을 소비자가 명확히 인지할 수 있도록 그 정보를 우편, 휴대전화 문자메시지 등을 통해 개별적으로 통보하도록 규정하였다.

참고사례

공정거래위원회의 리콜정보 전달 방법 차등화 방안

공정거래위원회는 2017년, "리콜 공통 가이드라인"을 통해 식품, 의약품, 의료기기, 건강기능식품 등 4개 품목에만 도입되어 있던 위해성 등급제를 자동차, 축산물, 공산품, 먹는물, 화장품, 생활화학제품에까지 확대하겠다는 계획을 발표했다. 위해성 등급제란 물품의 위험성, 위해의 강도, 위해 대상 집단의 취약성 등을 종합적으로 고려하여 품목별로 위해성의 수준을 차등하고, 회수 절차, 리콜 정보 매체 등 후속조치의 형태를 차별화하는 것을 말한다. 구체적으로 공정거래위원회는 가이드라인을 통해 위해성의 등급이 높은 경우 우편, 전화, 문자메시지 등 소비자 개인에게 직접적으로 정보를 전달하는 방식을 취하도록 하되, 소비자 개인의 연락처를 확인하기 어려운 경우 신문, 방송, SNS 등을 이용하도록 권고하였다.

위해성 등급	전달 방법
1등급	• 소비자의 주소나 연락처를 확인할 수 있는 경우 → 우편, 전화, 문자메시지 등으로 전달 • 소비자의 주소나 연락처를 확인하기 어려운 경우 → 전국규모의 일간지, TV광고, 대형마트 등 물품 판매장소 내 안내문 게시, SNS 등으로 전달
2·3등급	정부 기관 또는 사업자의 누리집(홈페이지) 등

02 | 결함에 의한 피해구제제도

상품의 결함으로 인해 소비자의 생명, 신체, 또는 재산상에 피해가 발생하였다면, 소비자는 피해의 발생 사실과 규모, 피해와 원인 상품 사이의 인과관계 등을 입증함으로써 그 피해를 보상받을 수 있다. 그러나 이러한 사실들을 입증하는 데에는 일반 소비자에게 기대하기 어려운, 상당한 수준의 전문지식이 요구되며, 이로 인해 소비자는 발생한 피해에 대해 적절한 법적구제를 받지 못하는 경우가 많다. 이에 세계 각국에서는 제품 결함에 의한 피해구제에 있어 소비자의 입증책임을 완화하는 방안을 모색해 왔으며, 우리나라는 그 일환으로 2000년에 제조물책임법을 도입한 바 있다. 본 장에서는 소비자안전문제 고유의 피해구제제도로써 제조물책임법의 도입배경과 의의, 주요내용에 관해 살펴본다.

1) 제조물책임법의 도입 배경

제조물책임법의 도입 배경을 이해하기 위해서는 계약책임과 불법행위책임에 근거한 소비자 피해구제의 근본적 한계점을 이해할 필요가 있다. 먼저 계약책임에 근거한 소비자 피해구제는 당사자 사이에 존재하는 유효한 계약관계를 전제조건으로 한다. 유효한 계약관계가 인정되는 경우에 소비자는 계약 당사자에 대해 하자담보책임 또는 불완전이행에 따른 채무불이행책임을 물을 수 있게 된다. 문제는 계약책임을 묻고자 하는 경우 소비자는 원칙적으로 구매계약의 당사자인 판매자에게만 그 책임을 물을 수 있다는 점이다. 통상적으로 결함상품 발생의 주된 책임이 제조업자에게 있음을 떠올려 보았을 때, 계약책임에 근거한 소비자피해의 구제는 인정받기 어렵거나 그 수준이 충분하지 않을 가능성이 높다.

반면 불법행위책임은 계약관계를 전제로 하지 않기 때문에 소비자는 직접적 계약관계가 없더라도 제조업자에게 책임을 물을 수 있다. 문제는 불법행위책임을 묻기 위해서는 사업자의 고의 또는 과실을 입증하는 것만이 아니라 문제가 된 행위의 위법성, 그로 인한 손해의 발생사실, 문제가 된 행위와 손해 사이의 인과관계를 모두 소비자가 입증해야 한다. 그러나 상품의 결함을 개인 소비자가 입증해내기란 사실상 불가능하며, 때문에 불법행위책임에 의한 소비자피해의 구제 또한 매우 어렵다.

2) 제조물책임법의 의의

「제조물책임법」이 지니는 가장 큰 의의는 소비자의 입증책임을 경감시킨 데에 있다. 결함의 존재와 결함과 손해 사이의 인과관계는 물론 사업자의 고의·과실 유무까지 모두 소비자가 입증해야하는 불법행위책임과 달리 「제조물책임법」은 상품에 결함이 존재하고, 그 결함으로 인해 생명·신체·재산상 손해가 발생했다면 고의·과실 유무와 관계없이 사업자에게 손해배상책임을 부과한다. 즉 「제조물책임법」은 소비자에게 사업자의 고의 또는 과실을 입증하도록 하는 대신 결함의 존재유무를 객관적으로 입증하도록 함으로써 소비자의 입증책임을 크게 경감시켰다.

표 **9-3** 민법상 책임과 제조물책임법의 필요요건 비교

	민법			제조물책임법
	계약책임		불법행위책임	
	채무불이행책임	하자담보책임		
직접적 계약관계	필요	필요	불요	불요
행위자의 고의·과실	필요	불요	필요	불요

「제조물책임법」의 이러한 논리는 무과실책임주의의 대표적 사례로 꼽힌다. 무과실책임주의란 과실책임주의에 대응되는 개념으로, 발생한 손해의 책임 여부를 판단함에 있어 행위자의 고의과실을 요구하지 않는 관점이다. 반면 과실책임주의는 상품으로 인한 손해가 발생했다 하더라도 그 손해가 사업자의 불충분한 주의의무 이행, 다시 말해 사업자의 고의 또는 과실에 의해 발생했을 때에만 책임을 지도록 한다. 우리 「민법」 또한 과실책임주의를 원칙으로 하기 때문에, 앞서 살펴본 채무불이행책임과 불법행위책임 모두 행위자의 고의·과실을 필수요건으로 규정하고 있다. 즉 「제조물책임법」을 통해 도입된 무과실책임주의는 상품의 결함으로 인한 소비자피해구제를 보다 용이하게 해결하기 위해 과실책임주의의 예외를 인정한, 그 의미가 매우 큰 변화라 할 수 있다.

3) 제조물책임법의 주요요건

「제조물책임법」은 결함상품에 의한 소비자 피해의 특수성을 감안하여 과실책임주

의의 예외를 인정한 법률이다. 따라서 「제조물책임법」에 근거한 소비자 피해의 구제 여부는 발생한 피해가 「제조물책임법」의 적용대상에 해당하는지 아닌지에 따라 판가름 난다. 이에 이하 내용에서는 「제조물책임법」의 적용 여부를 결정하는 주요개념의 정의와 요건에 관해 살펴본다.

(1) 제조물의 범위

제조물이란 제조 또는 가공된 동산을 말한다. 이때 동산이란 부동산 이외의 물건을 말하며, 주택의 조명시설, 배관시설, 승강기 등 부동산의 일부를 구성하는 동산도 포괄한다. 이때 아무런 제조·가공과정을 거치지 않은 1차 농축수산물이나 광물 등은 제조물에 해당하지 않으나, 제조·가공과정을 거쳤다면 완성품·부품·수공업품 등 모든 경우가 제조물에 해당한다.

(2) 결함의 개념

결함이란 '통상적으로 기대할 수 있는 안전성이 결여되어 있는 것'을 말한다. 이때 안전성의 결여란 제조물의 결함으로 인해 이용자 또는 제3자에게 생명·신체 또는 재산상의 피해를 발생시킬 위험성을 가지고 있는 경우를 말하며, 이러한 손해를 발생시키지 않는 간단한 품질의 하자는 「제조물책임법」의 대상이 되지 않는다.

「제조물책임법」이 열거한 결함의 종류는 크게 세 가지로, 제조상의 결함, 설계상의 결함, 표시상의 결함이 있다. 먼저 제조상의 결함이란 '제조물이 원래 의도한 설계와 다르게 제조·가공됨으로써 안전하지 못하게 된 경우'를 말한다. 예컨대 제조과정에서 이물질이 혼입된 식품이나 자동차 부속품 중 일부가 빠져 있는 경우가 이에 해당한다. 다음으로 설계상의 결함이란 '설계도면대로 제품이 생산되었지만 설계자체가 안전하지 않았던 경우'로, '더 안전하고 합리적인 대체설계가 존재함에도 불구하고 제조업자가 이를 채용하지 않음으로써 안전성이 결여된 경우'를 말한다. 급발진 자동차로 인한 충돌사고, 의약품 부작용으로 인한 소비자피해 등이 이에 해당한다. 마지막으로 표시상의 결함이란 '제품을 올바르게 사용하기 위해 필요한 설명이나 지시, 경고 등의 표시를 하지 않아 안전성이 결여되는 경우'를 말한다.

(3) 입증책임

「제조물책임법」상 결함을 인정받기 위해서는 손해배상을 청구하는 자, 다시 말해 소비자가 결함의 존재와 손해의 발생사실, 그리고 발생한 손해와 결함 사이의 인과관계를 입증해야 한다. 이중 쟁점이 되는 부분은 손해와 결함 사이 인과관계에 대한 입증이나, 법원은 '사실상의 추정' 논리를 들어 소비자의 입증책임을 완화해 왔으며, 2017년에는 이러한 내용을 법조항으로 명문화하였다. 즉 소비자는 제조물이 통상적인 방법으로 사용되었음에도 손해가 발생했다는 사실, 이 손해가 결함 없이는 통상적으로 발생하지 않고 제조업자의 실질적인 지배영역에 속한 원인으로부터 초래되었다는 사실을 입증하면, 제품에 결함이 존재하고, 손해가 그 제품으로 인해 발생한 것으로 인정받을 수 있다.

(4) 면책사유

한편 앞서 열거된 모든 요건을 충족하더라도 사업자는 일정한 사유가 존재하는 경우 손해배상책임을 면할 수 있다. 구체적으로 제조업자가 해당 제조물을 공급하지 아니한 사실, 제조업자가 해당 제조물을 공급한 때의 과학·기술수준으로는 결함을 발견할 수 없었다는 사실, 제조물의 결함이 제조업자가 해당 제조물을 공급한 당시의 법령에서 정하는 기준을 준수함으로써 발생하였다는 사실, 마지막으로 원재료나 부품을 사용한 제조물 제조업자의 설계 또는 제작에 관한 지시로 인하여 결함이 생겼다는 사실 등을 입증하는 경우이다.

다만 제조업자가 제조물을 공급한 후 결함의 존재 사실을 알거나 알 수 있었음에도 그 결함으로 인한 손해를 방지하기 위해 적절한 조치를 하지 않았을 때에는 위와 같은 사유로 면책을 주장할 수 없다.

토의 과제

1. 최근 시행된 리콜 사례를 소개하고, 리콜의 유형을 이행강제성과 사후조치의 내용에 따라 분류해 봅시다.
2. 「제조물책임법」 적용 판례 중 하나를 찾아 쟁점이 된 사안의 내용과 판결결과를 소개하고 판결결과에 대한 자신의 생각을 정리해 봅시다.

소비자정책

: 이론과 정책설계

소비자거래문제 해결을 위한 정책

소비자거래문제는 시장의 불완전한 경쟁구조와 사업자와 소비자 간 비대
칭적 지위에서 비롯된다. 이 같은 문제는 정보제공 등의 방법으로는 해결
하기 어려운 경우가 많으므로, 정부의 정책적 뒷받침이 필요하다. 소비자
거래문제에서 정부정책이 지향하는 바는 시장에서 유효한 경쟁을 확보하
고, 소비자들이 사업자와 동등한 지위에서 최선의 선택을 할 수 있도록 시
장구조를 설계하는 것이다. 이를 위해 정부는 독과점적 지위에 있는 사업
자에게 금지행위를 설정함으로써 시장에서 유효경쟁을 확보하고자 한다.
또한 교섭력 측면에서 열위에 있는 소비자를 보호하기 위해 사업자에 특별
한 제약과 책임을 부과하거나, 계약과정에서 소비자에게 일정 부분 우선
권을 부여하는 방법을 사용하기도 한다. 제4부에서는 시장에서의 불완전
한 경쟁과 거래당사자 간 지위불균형으로 인하여 사업자와 소비자 간 거
래관계에서 발생하는 소비자문제를 해결하기 위한 정책들을 살펴본다.

10 CHAPTER

소비자거래문제와 소비자정책

본 장에서는 시장에서 소비자거래문제가 발생하는 근본원인을 불완전경쟁으로 인한 사업자와 소비자의 지위불균형 측면에서 생각해 보고, 이를 시정하기 위한 정부의 정책이 어떠한 방향에서 이루어지고 있는지를 살펴본다.

01 | 대량산업사회에서 거래: 대등한 당사자인가?

이제까지 우리는 소비자의 정보문제를 해결하고 안전을 보장하기 위하여 실시되고 있는 여러 가지 정책들을 살펴보았다. 그렇다면 시장에서 소비자에게 충분한 정보가 주어지고 안전이 확보되면 소비자문제는 모두 해결될 것인가? 안타깝게도 그렇지 않다. 완전경쟁시장에 대한 논의에서 시작해 보자. 완전한 정보와 함께 완전경쟁시장을 구성하는 또 다른 요건은 무수히 많은 수요자와 공급자이다. 즉, 시장에는 아주 많은 수의 수요자와 공급자가 존재하기 때문에, 개별 수요자나 공급자는 가격의 형성이나 거래상대방에게 별다른 영향을 미치지 못한다. 완전경쟁 하에서 거래당사자는 동등한 지위를 가지고 거래에 임하게 되고, 어느 일방이 우월한 지위를 통해 상대방을 구속하거나 부당한 이득을 취할 여지가 없다.

그러나 현실은 어떠한가? 실제 시장에서는 독과점적 지위를 가진 사업자가 흔히 존재하고, 그로 인해 소비자의 선택권이 제한되는 경우가 자주 발생한다. 또한 소비자는 사업자에 비해 지식이나 정보가 부족하고 경제력에서도 열위에 있는 경우가 많기 때문에 거래관계에서 동등한 수준의 협상력을 가지기 어렵다. 이 같은 경쟁부족과 불균등한 거래당사자간 지위는 자원의 비효율적 배분을 초래할 뿐만 아니라 상당부분 소비자피해로 연결된다. 또한 통신기술의 급속한 발달과 그에 따른 비대면거래의 확산 등 거래환경의 변화는 소비자와 사업자 간 지위불균형을 강화함으로써, 새로운 소비자문제를 야기한다. 예를 들어, 전자상거래에서의 일방적인 계약취소 또는 해제, 계약불이행 등은 소비자피해의 새로운 영역으로 부각되고 있다.

시장경제체제하에서 거래 중 발생한 문제는 사적자치의 원칙에 따라 양 당사자 간 협상이나 법적 절차를 통해 해결하는 것이 원칙이다. 그러나 앞서 언급한 이유들로 인해 사업자와 소비자가 서로 대등한 위치에서 공정하게 거래를 이어갈 수 없을 때는 사적해결방법은 한계를 가지며, 이로 인해 소비자피해가 만성적으로 발생한다면 정부는 정책적인 접근을 통해 문제를 해결할 필요가 있다. 특히 시장에서의 경쟁부족과 이로 인한 거래지위의 불공정성에 의한 소비자문제는 정보제공 등의 방법으로는 해결될 수 없는 부분이므로, 추가적인 정부의 정책이 필요하다.

02 | 소비자거래문제에 대한 접근방법

시장에서 소비자거래문제의 해결은 경제력이나 교섭력 측면에서 상대적 우위에 있는 사업자와 그렇지 못한 소비자 간 대등한 지위를 확보하게 하여 공정한 거래환경을 조성하는데 궁극적 목적이 있다. 이를 위한 정부정책은 크게 시장에서의 유효경쟁을 확보함으로써 궁극적으로 소비자후생을 도모하는 방법과 보다 직접적으로 사업자와 소비자 간 지위불균형을 시정하는 두 가지 접근법으로 이루어진다.

1) 시장에서의 유효경쟁 확보

첫 번째 접근법은 실질적 경쟁이 이루어지지 않는 시장에서 유효경쟁을 확보하는 것으로, 주로 경쟁을 저해할 수 있는 사업자의 특정 행위를 금지하는 방식으로 이루어진다. 우리 「헌법」은 경제활동에 대하여 사적자치에 기반을 둔 시장경제질서를 원칙으로 하는 동시에, 독점규제와 공정거래유지를 개인의 경제적 자유를 제한할 수 있는 정당한 공익의 하나로 명시하고 있다. 시장을 자유방임 상태로 두는 경우 경제력 집중에 의해 오히려 시장에서 경제적 자유가 제한받게 되는 모순적 상황에 도달하게 되므로, 정부 개입을 통한 공정한 경쟁질서 확보가 필요하기 때문이다.

이는 시장에서의 공정한 경쟁이 자연발생적인 사회현상이 아니라 정부의 지속적인 개입과 조정을 통해서 얻어지는 결과라는 인식에 바탕을 둔다. 사업자에 대해 일정한 금지행위를 설정하는 것은 시장에서 우월한 지위에 있는 사업자가 그 지위를 이용하여 시장구조의 불공정성을 강화해 나가는 것을 방지하는데 그 목적이 있다. 즉, 시장에서 상대적으로 우월한 지위에 있는 사업자와 경제력, 교섭력 등에서 열위에 있는 거래상대방이 대등한 지위에서 거래할 수 있도록 조정함으로써, 공정한 거래환경을 조성하고 소비자후생을 향상시키는 것을 목적으로 한다.

2) 사업자와 소비자 간 지위불균형 시정

두 번째 접근법은 보다 직접적인 수단으로 정부가 사업자와 소비자 간 거래상 지위의 불균형을 시정하는 방법이다. 이는 경쟁의 보호만으로는 거래당사자 간 지위불균형을 완전히 제거할 수 없기 때문에, 보다 직접적인 정책을 통해 소비자권리를 보호하려는 것이다. 사적자치에 근거한 시장경제질서를 기반으로 하는 우리나라에서는 원칙적으로 거래당사자들에게 계약체결 여부, 거래상대방의 선택, 거래내용에 대한 결정 등을 포괄하는 계약의 자유가 인정된다. 그러나 시장의 구조적인 한계로 거래 양당사자가 서로 대등한 위치에서 공정하게 거래를 이어갈 수 없을 때는 이와 같은 계약자유의 원칙은 일정부분 제약을 받게 된다.

지난 20여 년 간 우리나라의 소비자정책은 이와 같은 거래관계의 불균등에서 발생하는 소비자문제를 해결하기 위해 다양한 제도를 도입해 왔다. 그 결과, 거래관계에서 소비자의 열등한 지위를 인위적으로 보완해주는 많은 소비자법제들이 도입되었다. 일정 조건 하에서 사업자의 계약자유를 제한하는 「약관규제법」(1986년)이나 특수한 거래환경에서 소비자를 보호하기 위한 「전자상거래법」(2002년)이 대표적 사례이다. 이와 같은 접근법은 우월한 지위에 있는 사업자의 계약자유를 일정부분 제한하는 것이 궁극적으로 양 당사자 간 거래관계에서 계약자유의 원칙을 회복시키는 것이라는 인식을 바탕으로 한다.

11
CHAPTER

경쟁부족에 따른 불공정성에 대한 규제

시장에서의 경쟁부족은 거래당사자 간 지위의 비대칭성을 야기하는 근본적인 원인이다. 경쟁이 제한된 시장에서는 독점적 지위를 가지는 일방이 우월한 지위를 이용하여 상대방을 구속하거나 부당한 이득을 취할 수 있으며, 상대방의 선택권이나 협상력은 제한된다. 이에 우리나라에서는 경쟁부족에 따른 불공정한 행위들을 규율하기 위해 「독점규제 및 공정거래에 관한 법률(이하 공정거래법)」을 두고 있다. 「공정거래법」은 시장에서 경제활동이 자유롭고 공정하게 이루어지도록 함으로써 경쟁 메커니즘을 형성, 유지하는데 큰 축을 담당한다. 「공정거래법」은 「소비자기본법」과 더불어 시장에서의 소비자후생 증대를 궁극적인 목적으로 하고 있으며, 소비자이익의 침해 여부를 위법성 판단의 중요한 판단 기준으로 삼고 있다는 점에서 소비자정책의 한 영역으로 볼 수 있다. 이하에서는 「공정거래법」에서 금지하고 있는 불공정한 거래행위와 시장지배적지위 남용행위에 대해 구체적으로 살펴본다.

01 | 불공정한 거래행위의 금지

1) 일반불공정거래행위

「공정거래법」에서는 공정한 거래를 저해할 우려가 있는 행위를 불공정거래행위로 보아 금지하고 있다. 법에서는 다양한 유형의 불공정거래행위를 금지하고 있는데, 그 유형은 아홉 가지 정도로 나누어진다. 구체적으로 거래거절, 차별적 취급, 경쟁사업자 배제, 부당한 고객유인, 거래강제, 거래상 지위남용, 구속조건부거래, 사업활동 방해, 부당한 자금·자산·인력의 지원 등이 이에 포함된다. 동법 시행령에서는 법에서 열거된 각각의 불공정거래행위에 대하여 세부적인 유형 및 기준을 두고 있다. 이상에서 열거된 아홉 가지의 불공정거래행위는 모든 사업 분야에 공통적으로 적용된다는 측면에서 '일반불공정거래행위'로 불린다.

「공정거래법」이 정한 불공정거래행위의 핵심은 공정한 거래를 저해할 우려가 있는 행위이다. 이때 중요한 점은 이들 행위들이 위법하다고 인정되기 위해서는 모두 "부당하게"라는 요건을 충족해야 한다는 것이다. 공정거래위원회의 「불공정거래행위 심사지침」에 따르면 "부당하게"의 의미는 경쟁제한성과 불공정성을 포괄하는 의미로 해석된다. 여기서 경쟁제한성이란 그 행위로 인해 시장에서의 경쟁이 유의미하게 줄어들거나 줄어들 우려가 있음을, 불공정성이란 경쟁수단 또는 거래내용이 정당하지 않음을 의미한다. 이때 불공정성은 다시 경쟁수단의 불공정성과 거래내용의 불공정성으로 구분된다. 경쟁수단이 불공정하다는 것은 상품의 장점 이외의 바람직하지 않은 수단을 이용하여 시장에서의 경쟁을 제한하는 것을 의미하며, 부당한 고객유인, 거래강제, 사업활동 방해 행위 등이 여기에 속한다. 거래내용이 불공정하다는 것은 거래상대방의 자유로운 의사결정을 저해하거나 불이익을 강요함으로써 공정거래의 기반이 침해되는 경우를 뜻하며, 거래상 지위남용에 속하는 행위들이 포함된다.

최근 들어 우월한 지위에 근거한 이른바 '갑을관계'에서 발생하는 부당한 거래행태에 대한 사회적 관심이 높아지면서 불공정거래행위는 더욱 주목을 받고 있으며, 그에 대한 법집행 또한 점차 강화되고 있는 추세이다. 아래의 〈표 11-1〉은 「공정거래법 시행령」에서 규정한 불공정거래행위의 유형들을 심사지침에서 제시한 위법성 판단 기준에 따라 분류한 것이다.

표 **11-1** 위법성 판단 기준에 따른 불공정거래행위 세부 유형

경쟁제한성		• 거래거절(공동의 거래거절, 기타의 거래거절) • 차별적 취급(가격차별, 거래조건차별, 집단적 차별) • 경쟁사업자 배제(부당염매, 부당고가매입) • 구속조건부 거래(배타조건부 거래, 거래지역 또는 거래상대방 제한)
불공정성	경쟁수단의 불공정성	• 부당한 고객유인(부당 이익에 의한 고객유인, 위계에 의한 고객유인, 기타의 부당 고객유인) • 거래강제(사원판매, 기타의 거래강제) • 사업활동 방해(기술의 부당이용, 인력의 부당유인·채용, 거래처 이전 방해, 기타의 사업활동 방해)
	거래내용의 불공정성	• 거래상 지위의 남용(구입 강제, 이익제공 강요, 판매목표 강제, 불이익 제공, 경영간섭)
경쟁제한성+경제력집중		• 차별적 취급(계열회사를 위한 차별) • 부당지원행위

자료: 홍명수(2016). 시장지배적 지위남용행위와 불공정거래행위의 관계와 단독행위 규제체계의 개선. *경쟁법연구*, 33, 47-49.

아래의 〈표 11-2〉는 최근 공정거래위원회에서 처리한 불공정거래행위 관련 사건을 유형별로 분류하여 보여준다. 2018년을 기준으로 거래상 지위남용이 104건으로 가장 높은 발생빈도를 나타내고 있었으며, 다음으로 부당한 고객유인과 거래거절이 각각 28건과 22건으로 그 빈도가 높았다. 특히 거래상 지위남용은 2014년부터 계속해서 가장 높은 발생빈도를 나타낸 불공정거래행위 유형이었다는 점에서 주의를 기울일 필요가 있다.

표 **11-2** 불공정거래행위 유형별 사건처리 실적

구분	거래거절	차별적 취급	경쟁사업자 배제	부당한 고객유인	거래강제	거래상 지위남용	구속조건부 거래	사업활동 방해	부당지원	재판매가격유지	기타
2013	19	3	1	191	11	119	6	16	9	4	2
2014	46	16	6	98	28	219	10	28	8	11	8
2015	55	10	8	51	38	247	15	37	25	6	13
2016	18	4	5	29	11	142	9	25	19	3	18
2017	21	5	4	35	5	89	13	8	11	5	0
2018	22	2	6	28	14	104	9	11	16	10	0

자료: 공정거래위원회(2019). 2019년판 공정거래백서

공정거래위원회 심결사례(의결2012-104): 엘지전자의 부당한 고객유인행위

현재 국내 이동통신시장은 휴대폰 단말기와 이동통신사의 통신서비스가 결합되어 판매되는 구조이다. 이와 같은 유통구조는 최종 소비자가 정확한 휴대폰의 가격구조를 알기 어렵게 만든다. 본 심결례는 이 같은 유통구조상의 허점을 악용하여 단말기 제조사와 이동통신서비스사가 휴대폰 출시 가격을 부풀린 상태에서 보조금을 제공하는 방법으로 소비자들을 기만한 사례이다. 그 결과 소비자는 실제로 할인혜택이 전혀 없음에도 불구하고, 고가의 프리미엄 휴대폰을 저가에 구매한 것으로 오인하게 되었다. 이 과정에서 소비자는 부풀려진 휴대폰 가격으로 인하여 실질 구매가격이 올라가고, 요금할인 등의 혜택을 받기 위하여 더 비싸고 장기의 약정에 가입하게 되는데, 이는 고액의 위약금 때문에 장기간 특정 이동통신사에 묶이는 결과로 이어진다. 공정거래위원회는 이 같은 행위가 부당한 고객유인에 해당하며, 소비자후생 측면에서 위법성이 크다고 보아 불공정행위 과징금을 추징하는 제재조치를 취하였다. 본 사례는 국내 이동통신시장에서 관행적으로 행하여 오던 출고가 부풀리기에 부당한 고객유인행위를 적용하여 금지한 첫 번째 사례이다.

해당 사건과 관련한 휴대폰 제조사 관련자의 진술조서
(상략)
게다가 소비자는 싼 것을 싸게 사는 것보다는 비싼 것을 싸게 산다고 할 때 훨씬 많은 구매를 합니다.
(중략)
문) 소비자가 고가의 단말기를 저가로 구매하는 것과 같은 착시현상을 이용한다는 것은 무슨 의미인가요?
답) 간단합니다. 일반적으로 소비자는 출고가로 단말기의 성능을 판단합니다. 그렇기 때문에 출고가가 높은 단말기일수록 좋은 단말기로 생각합니다. 다만 휴대폰에 대하여 잘 아는 소비자는 그렇지 않은 경우도 있습니다. 즉, 계약모델 단말기 출고가에 장려금을 반영하면, 장려금만큼 출고가는 상승합니다. 그런데 소비자는 출고가에 자신이 지급받는 장려금(보조금)이 반영되어 있다는 사실을 모르고 있고, 거기에 단말기 출고가가 높을수록 좋은 단말기라고 생각합니다. 그런데 이때 이동통신사업자가 장려금(보조금)을 소비자에게 지급한다고 하면 소비자는 고가의 단말기를 저가로 구매한다고 생각하고 이동통신서비스에 가입합니다. 따라서 고가의 단말기를 보조금을 더 많이 지급받고 싸게 샀다고 소비자가 착각을 하게 되는 것입니다.

자료: 구자영(2018). 불공정거래행위 중 위계에 의한 고객유인. *영남법학*, 46, 1-22.

2) 부당한 공동행위

부당한 공동행위는 둘 이상의 사업자가 서로 합의하여 시장에서의 경쟁을 부당하게 제한하는 행위를 말한다. 거래당사자 간 지위의 비대칭성에 기반을 둔 불공정한 거래행위는 개별 사업자에 의해 이루어질 수도 있지만, 여러 사업자들 간에 합의를 통해 공동으로 이루어질 수도 있다. 부당한 공동행위가 존재하는 경우, 시장에서 다수의 사업자가 존재하더라도 마치 단 하나의 사업자만 존재하는 독점과 동일한 결과를 가져오는데, 이는 경제학에서 말하는 담합과 유사한 개념이다.

「공정거래법」에서는 사업자간 합의에 의해 이루어진 공동행위가 일정한 거래분야에서 경쟁을 실질적으로 제한하는 것을 부당한 공동행위로 보아 원칙적으로 금지하고 있다. 구체적으로 사업자가 계약, 협정, 결의, 기타 어떠한 방법으로라도 다른 사업자와 공동으로 상품 또는 용역의 가격, 거래조건, 거래량, 거래상대방 또는 거래지역 등을 제한하는 행위를 부당한 공동행위로 정의한다. 부당한 공동행위가 성립되기 위해서는 세 가지 요건이 충족되어야 하는데, 둘 이상의 사업자가 사업자들 간의 합의를 통해 시장에서의 경쟁을 실질적으로 제한하는 행위가 이에 해당한다. 동법에서는 부당한 공동행위의 유형을 아홉 가지로 열거하고 있는데, 사업자가 다른 사업자와 공동으로 ①가격을 결정·유지·변경, ②거래조건이나 지급조건을 설정, ③거래를 제한, ④사업자별로 거래지역이나 거래상대방을 제한, ⑤설비의 신설이나 장비의 도입을 방해·제한, ⑥생산·거래되는 상품의 종류·규격을 제한, ⑦영업의 주요 부문을 공동으로 관리, ⑧입찰·경매에서의 사전 담합, ⑨기타 다른 사업자의 영업활동을 방해함으로써 경쟁을 제한하는 행위 등이다.

그러나 「공정거래법」에서는 산업합리화나 산업구조조정, 중소기업의 경쟁력 향상 등을 목적으로 할 경우에는 예외적으로 공정거래위원회의 인가를 거쳐 공동행위를 할 수 있도록 규정하고 있다. 예외규정을 두는 이유는 우선 공급과잉 산업에 속한 기업들의 경우, 상호 합의를 통해 자발적으로 과잉설비를 줄이고 생산규모를 조정할 수 있도록 하는 것이 장기적으로는 산업경쟁력을 높여 경제발전과 소비자후생 증대에 도움이 될 것으로 보기 때문이다. 또한 중소기업은 대기업에 비해 상대적으로 열등한 위치에 있으므로, 대등한 경쟁을 기대하기 어렵다. 이러한 상황에서 획일적으로 공정거래법을 적용하는 것은 오히려 중소기업을 시장에서 배제시키는 결과를 낳게 되고, 시장은 대기업에 의하여 고착화될 가능성이 높아진다. 따라서 상대적으로 취약한 상태에 있는 산업이나 기업이 일정 수준의 경쟁력을 확보할 때까지 「공정거래법」의 적용을 유보하는 것이 장기적으로 시장에서의 유효경쟁 확보에 도움이 된다고 보는 것이다. 그러나 이러한 규정에도 불구하고 실제로 공동행위에 대한 인가 신청이 거의 이루어지지 않고 있어, 일각에서는 사문화된 규정이라는 비판이 제기되기도 한다.

공정거래위원회 심결사례(의결2015-314호): 6개 휴대용 부탄가스 제조판매업자의 부당한 공동행위

국내 휴대용 부탄가스시장에서 100% 시장점유율을 차지하고 있는 6개 사는 2007년 하반기부터 2012년 2월까지 약 5년간 총 9차례에 걸쳐 휴대용 부탄가스 출고가격의 인상·인하 폭을 합의하였다.

2007년 각 사의 대표이사들은 서울 모처에서 모임을 갖고 경쟁을 자제하기 위해 향후 휴대용 부탄가스 가격을 상호 협의하여 결정하기로 하였다. 대표이사 모임 이후, 각 사의 영업임원들은 원자재 가격의 변동이 있을 때에 서울 모 식당 등에서 모임을 갖고 구체적인 가격변경 시기와 폭 등을 조율하고 합의하였다. 합의의 내용은 기본적으로 원자재가격이 인상될 때에는 인상분을 출고가격에 대부분 반영하기로 하는 반면, 원자재가격이 인하될 때에는 인하 분의 일부만 가격에 반영하는 것이었다. 위 합의를 토대로 6개 사는 2007년 12월, 2008년 3월, 2008년 6월 등 원자재 가격 상승시기에는 7차례에 걸쳐 약 40~90원 씩 출고가격을 인상시킨 반면, 2009년 1월, 2009년 4월의 원자재가격 인하시기에는 약 20~70원씩 출고가격을 인하하였다.

공정거래위원회는 이들의 행위가 「공정거래법」 제19조 제1항 제1호(가격 담합)에 해당한다고 판단하여 시정명령을 부과하는 한편, 총 308억 9,200만 원의 과징금을 부과하였다.

6개 사 주요 제품의 가격변동 추이

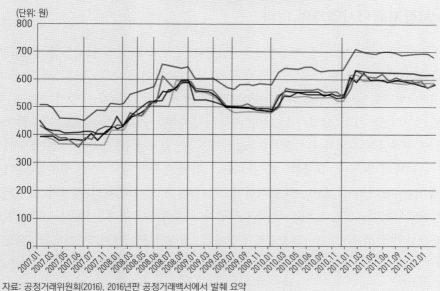

자료: 공정거래위원회(2016). 2016년판 공정거래백서에서 발췌 요약

02 | 시장지배적지위의 남용 금지

이상에서 살펴본 다양한 형태의 불공정한 거래행위들은 시장에 단 하나, 혹은 소수의 사업자만 존재할 때 더욱 문제가 된다. 시장에 소수의 사업자만 존재하는 경우, 그 사업자는 별다른 제약 없이 시장에서 상품의 가격이나 공급량, 거래조건을 마음대로 좌우하며 시장을 지배할 수 있게 된다. 또한 다른 사업자의 시장진입을 방해함으로써 시장구조를 악화시키거나, 과다이윤을 추구함으로써 장기적으로 소비자의 후생을 침해할 수 있다. 따라서 세계 각국의 경쟁법제에서는 공통적으로 시장에서 지배적인 영향력을 가진 사업자가 정당하지 않은 방법을 이용하여 경쟁을 제한하거나 소비자의 이익을 저해하는 행위를 엄격히 금하고 있다. 우리나라의 「공정거래법」에서도 이를 시장지배적사업자로 정하고, 이들 사업자가 자신의 지위를 남용하여 시장경쟁을 저해하는 행위에 대해서는 별도의 규정을 두어 보다 엄격히 규제하고 있다.

1) 시장지배적사업자의 의의

「공정거래법」에서 정하는 시장지배적사업자란 공급자나 수요자로서 단독으로 또는 다른 사업자와 함께 일정한 거래 분야의 상품 가격이나 수량, 거래조건 등을 결정, 유지, 변경할 수 있거나, 다른 사업자가 관련 시장에 진입하는 것에 영향을 줄 수 있는 지위를 가진 사업자를 의미한다. 시장지배적사업자는 대체로 경제학에서 말하는 독과점적 지위와 유사한 의미로 이해될 수 있는데, 관련 시장에서 경쟁사업자가 존재하지 않거나, 실질적으로 유효한 경쟁이 이루어지지 않는 경우를 의미한다. 한편, 시장에서의 경쟁이 바람직하다고는 하나 규모나 범위의 경제가 적용되는 특정 산업의 경우, 실제로 시장에 여러 사업자가 존재하기 어려운 경우도 있다. 철도 등 기간산업이 대표적이다. 그러므로 우리나라 「공정거래법」에서는 사업자가 시장지배적지위를 가지는 것 자체를 금지하고 있지는 않으나, 그 지위를 남용하는 것은 엄격히 금지하고 있다.

시장지배적지위의 남용을 금지하기 위해서는 우선 사업자의 시장지배적지위 여부를 명확히 할 필요가 있다. 우리나라의 「공정거래법」에서는 시장점유율, 진입장벽의 존재 및 정도, 경쟁사업자의 상대적 규모 등을 종합적으로 고려하여 시장지배적사업자 여부를 판단하는데, 일차적으로 집중도지수(concentration ratio, CR)를 이용하여 시장지배적사업자를 추정하게 된다. 집중도지수는 관련 시장에서 가장 규모가 큰 k개의 기업이 해당 시장에서 차지하는 점유율로 정의되는데, 경쟁시장에 가까울수록 상위 사업자들의 누적 시장점유율은 낮아진다. 「공정거래법」에서는 단일 사업자의 시장점유율이 50% 이상이거나, 셋 이하 사업자의 시장점유율 합계가 75% 이상인 경우 시장지배적사업자로 추정하고 있다.

2) 시장지배적사업자의 지위남용 행위

시장지배적사업자가 자신의 지위를 남용하는 행위는 주로 시장지배력을 이용하여 경쟁사업자를 방해하거나 거래상대방이나 소비자에게 직접적인 손해를 가하는 형태로 나타나는데, 흔히 전자를 배제적 남용 행위, 후자를 착취적 남용 행위로 구분한다. 앞서 살펴본 일반불공정거래행위 중 경쟁제한적 성격을 가지는 행위들의 경우, 시장지배적지위 남용 행위와 상당부분 중복이 된다. 이에 대해 최근 공정거래위원회에서는 시장지배적지위의 남용 쪽에 초점을 두어 규제하는 추세이다.

시장지배적사업자가 그 지위를 남용하는 행위로는 우선 부당한 가격형성이 있다. 시장지배적사업자는 상품의 가격이나 용역의 대가를 부당하게 결정, 유지 또는 변경해서는 안 된다. 사업자는 자신이 시장에서 판매하는 상품의 가격을 자유롭게 설정할 수 있는 것이 원칙이다. 그러므로 "부당하게"가 의미하는 바가 중요한데, 「공정거래법 시행령」에서는 이를 정당한 이유 없이 상품의 가격을 수급변동이나 비용변동에 비하여 현저하게 상승시키거나 근소하게 하락시키는 경우로 정하고 있다. 부당하게 상품의 출고량을 조절하는 행위 또한 금지된다. 출고량의 조절행위가 부당하다고 인정되기 위해서는 그 행위가 통상적 수준을 벗어나 시장가격에 영향을 미칠 수 있어야 한다. 보다 구체적으로 첫째, 정당한 이유 없이 최근의 추세에 비추어 상품 또는 용역의 공급량을 현저히 감소시키는 경우, 둘째, 정당한 이유 없이 유통단계에서 공급부족이 있음에도 불구하고 상품 또는 용역의 공급량을 감소시키는 경우가 이에 포함된다.

다른 경쟁자의 사업활동을 부당하게 방해하거나, 잠재적 경쟁사업자의 시장진입을 부당하게 막는 행위 또한 금지된다. 시장지배적사업자는 경쟁사업자를 배제하기 위하여 부당한 방법으로 경쟁사업자의 사업활동을 방해해서는 안 되며, 경쟁사업자의 거래상대방에게 부당한 이익을 제공하여 계약을 탈취하는 행위 등도 금지된다. 동시에 부당하게 신규사업자의 시장참여를 방해하여서도 안 된다. 신규사업자의 시장진입을 방해하는 것은 잠재적으로 시장에서 경쟁을 배제하는 행위이고, 이는 장래에 소비자이익을 침해하는 결과로 이어진다. 「공정거래법 시행령」에서는 신규사업자의 시장참가를 부당하게 방해하는 행위로 ①정당한 이유없이 거래하는 유통사업자와 배타적 거래계약을 체결하는 행위, ②정당한 이유없이 기존사업자의 계속적인 사업활동에 필요한 권리 등을 매입하는 행위, ③정당한 이유없이 새로운 경쟁사업

참고사례

구글은 시장지배적사업자인가?

유럽연합(EU)은 2018년 7월 18일, 구글이 안드로이드 스마트폰 운영체제로 시장지배력을 남용해 EU의 반독점법을 위반하였다며, 과징금 43억 4000만 유로(약 5조 7000억 원)를 부과하였다. 이는 EU가 단일 기업에 내린 벌금 중 역대 최고 금액이다.

EU는 구글이 스마트폰 운영체제의 80%를 차지하는 자사 안드로이드 OS의 시장지배력을 남용하여 앱 스토어인 구글플레이를 이용하는 조건으로 스마트폰 제조업자에게 구글 검색 앱과 브라우저 앱 크롬을 사전에 설치하도록 강요했다고 밝혔다. 또한 구글이 스마트폰 제조 단계에서 독점적으로 구글 검색 앱을 설치하는 조건으로 휴대전화 제조사들과 통신사들에 보조금을 지급하여 공정한 경쟁을 저해했다고 지적했다. 그러면서 "구글의 행위는 경쟁업체들이 혁신하고 경쟁할 기회를 박탈한 것으로, 구글은 유럽 소비자들이 모바일 영역에서 효과적인 경쟁을 통한 혜택을 누리는 것을 막았다"며 "이는 불법"이라고 지적했다. 구글이 90일 이내에 이 같은 불공정 행위를 시정하지 않을 경우 EU는 추가 과징금을 부과할 것이라고 밝혔다. 이는 EU가 2017년 6월, 구글이 온라인 검색 시 자사 및 자회사 사이트가 우선 검색되도록 했다면서 부과한 과징금 24억 유로(약 3조 1,000억 원)를 훨씬 능가한 액수이다.

구글은 EU의 결정에 반발하며 유럽사법재판소(ECJ)에 소송을 제기할 것이라고 밝혔다. 구글의 대변인은 "안드로이드는 모든 사람에게 더 많은 선택권을 만들어줬다"면서 "EU 집행위의 결정에 대해 소송을 제기할 것"이라고 말했다. 구글 최고경영자(CEO)는 이날 블로그를 통해 "지금까지 구글은 기본 앱을 제공하면서 스마트폰 제조사에 어떤 비용도 물리지 않았다"며, "하지만 EU의 이번 과징금 부과 결정은 최종적으로 그 비용을 소비자들에게 전가하는 결과를 가져올 것"이라고 비판했다. 또 "안드로이드 사용자는 50개에 달하는 앱을 하나하나 직접 설치해야 할 것"이라고 말했다.

한편 관련자들은 이 같은 EU의 결정으로 구글이 안드로이드 운영체제와 자체 앱에 대한 라이센스 비용을 제조사 등에게 청구하는 상황이 올 수 있다고 말했다. 즉 안드로이드 OS 자체는 물론, 구글 맵이나 크롬 등 구글 앱을 무료로 공급하는 전략에 변화가 있을 수 있다는 설명이다.

자료: 로이터통신(2018.7.18). "Europe hits Google with record $5 billion antitrust fine, appeal ahead"

독과점은 소비자후생의 손실을 가져오는가?

경제학의 수요공급 이론에서 가장 중요한 논의 중 하나는 시장에서의 독과점이 소비자 또는 사회후생에 어떠한 영향을 주는가에 관한 것이다. 일부에서는 생산이나 기술개발의 효율성 등의 이유로 독과점의 순기능을 주장하기도 한다. 그러나 독과점적 시장에서 기업은 경쟁시장에 비해 가격은 높게, 공급량은 적게 설정함으로써 초과이윤을 누리게 되고, 이는 곧 소비자 내지는 사회전반의 후생손실로 이어진다는 견해가 지배적이다.

그렇다면 독과점적 시장구조가 가져오는 후생손실은 어떻게 정의될 수 있으며, 그 값은 현실에서 어떻게 측정될 수 있을 것인가? 이와 관련한 가장 고전적 논의는 Harberger(1954)로부터 시작되었다. Harberger는 독점에 따른 후생손실을 후생손실 삼각형($\triangle ABC$)으로 정의하고, 미국 제조업 생산량의 45%를 생산하는 73개

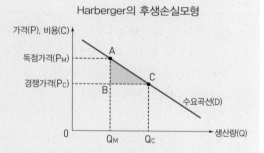

Harberger의 후생손실모형

산업을 대상으로 그 값을 실제로 추정하였다. 결과에 따르면, 연구대상이 된 73개 산업에 대해서는 GNP의 0.06%, 전체 제조업에 대해서는 GNP의 0.1%의 후생손실이 발생하는 것으로 나타났다.

Harberger의 논의를 시작으로 후생손실에 대한 서로 다른 정의와 추정방법을 이용한 다양한 연구들이 이루어지기 시작하였는데, Leibenstein(1966)이나 Posner(1975) 등이 대표적이다. 국내에서도 이러한 논의를 바탕으로, 독과점의 소비자후생손실을 추정하는 다양한 시도들이 이루어졌다.

오지영·여정성(2012)은 설탕과 빙과산업을 대상으로 담합에 따른 소비자피해를 추정하였다. 연구에 따르면 원재료의 가격변동과 담합이 존재하지 않았던 시기의 시장가격 등을 바탕으로 추정한 소비자피해액은 빙과와 설탕산업에 대해 각각 217억 원과 1조 1,826억 원으로 분석되었다. 한편 제조업 전반으로 범위를 넓혀 독과점에 따른 소비자후생손실을 분석한 신세라·여정성(2013)에 따르면, 우리나라 제조업 부문에서 발생하는 독과점에 따른 소비자후생손실은 최대 GDP의 2.35%에 이르는 것으로 나타났는데, 그 대부분은 독점이 고착화 된 일부 초대형 산업에서 집중적으로 발생하고 있었다. 이들 연구에서는 공통적으로 기업이 독과점으로 얻는 이익에 비해 현행 「공정거래법」에서 부과하고 있는 과징금 수준이 너무 낮기 때문에, 이는 기업이 독점을 유지하도록 만드는 유인으로 작용할 수 있음을 지적하였다.

자료
Harberger, A. C.(1954). Monopoly and resource allocation. *American Economic Review*, 44(2), 77–87.
Leibenstein, H.(1966). Allocative efficiency versus X-Efficiency. *American Economic Review*, 56(3), 392–415.
Posner, R. A.(1975). The social cost of monopoly and regulation. *Journal of Political Economy*, 83(3), 807–828.
오지영·여정성(2012). 담합의 소비자피해와 규제효과 분석. 소비자학연구, 23(1), 1–28.
신세라·여정성(2013). 독점시장의 소비자후생손실 추정과 그 시사점: 제조업을 중심으로. 소비자학연구, 24(2), 71–95.

자의 상품 또는 용역의 생산, 공급, 판매에 필수적인 요소의 사용 또는 접근을 거절하거나 제한하는 행위 등 세 가지를 제시한다. 마지막으로 그 외에 시장지배적사업자가 부당하게 경쟁사업자를 배제하거나 소비자의 이익을 현저히 저해할 우려가 있는 행위를 금지함으로써, 앞서 나열되지 않았으나 소비자의 이익을 해할 우려가 있는 행위를 포괄적으로 규제하게 된다.

토의 과제

1. 최근 발생한 불공정거래행위 또는 시장지배적지위 남용 관련 공정거래위원회 심결례 한 가지를 찾아보고, 사건의 개요 및 처리과정, 관련 법령을 정리해 봅시다.
2. 불공정거래행위 또는 시장지배적지위 남용 관련 해외사례를 한 가지 소개하고, 그 시사점에 대해 토의해 봅시다.

거래지위상 불공정성에 대한 규제

앞서 살펴본 거래당사자 간 비대칭적 지위에 기반을 둔 각종 불공정거래행위들은 시장에서 비효율을 초래함으로써, 종국에는 소비자후생의 손실로 이어진다는 점에서 매우 중요하다. 한편, 이러한 비대칭적 지위에 따른 거래상의 문제들은 사업자와 소비자 간의 계약관계에서 직접적으로 나타나기도 하는데, 대표적인 사례가 바로 불공정한 약관에 따른 소비자피해이다. 본 장에서는 사업자와 소비자 간 거래지위의 불공정성 문제가 가장 많이 발생하는 약관에 의한 계약에 대해 살펴보고, 그 규제방안에 대해 논의한다.

01 | 약관의 등장

오늘날 시장에서의 거래는 대량생산과 대량유통 과정을 거친 동질적인 제품이나 서비스가 대부분을 차지하며, 다수가 사실상 동일한 계약을 반복적으로 체결하는 형태로 이루어진다. 거래의 대상이 되는 제품이나 서비스의 속성 또한 복잡하고 까다로워, 거래의 당사자가 계약의 내용이나 조건을 매번 흥정을 통하여 개별적으로 결정하게 된다면 엄청난 시간과 노력, 비용이 필요할 것이고, 일을 정확하게 처리하기도 힘들 것이다. 이에 사업자들은 체결하려는 계약의 내용 등을 약관의 형태로 미리 마련해 두고, 이를 매 거래 시마다 똑같이 적용함으로써 거래상의 편의를 도모하게 되었고, 오늘날 많은 거래분야에서 개인 간의 자유의사에 따른 계약보다는 약관에 의한 계약이 널리 사용되고 있다.

약관이란 그 명칭이나 형태, 또는 범위에 상관없이 계약의 일방 당사자인 사업자가 여러 명의 거래상대방과 계약을 체결하기 위해 문서 등의 일정한 형식으로 미리 마련한 계약의 내용을 의미한다. 이 정의에 따르면 약관은 일방성, 형식성, 사전성, 획일성 등을 특징으로 한다. 약관에 의한 계약은 대다수가 사업자와 소비자 간의 관계에서 이루어지나, 실제로 약관이 이용되는 범위는 훨씬 넓다. 예를 들어, 기업 간 화물운송 계약이나 가맹사업자 계약 등은 개별약정보다는 주로 약관에 근거하여 거래가 이루어진다.

약관은 대량의 거래를 신속하게 처리할 수 있다는 점에서 소비자와 사업자 모두에게 편의를 제공한다. 약관이 없다면 소비자는 매번 계약 시마다 그 내용에 대한 지식과 정보를 갖추어야 하고, 거래조건에 대해 일일이 교섭해 가면서 계약을 체결해야 하는데, 이는 소비자 입장에서 무리이다. 또한 약관은 기존의 법체계를 보완하는 역할을 수행하기도 한다. 오늘날 시장에서는 사업자 간 경쟁과 기술을 바탕으로 새로운 형태의 거래들이 생겨나고 있다. 이들은 종래의 「민법」이나 「상법」 등 법체계에서 미처 예상하지 못한 형태인 경우가 많고, 그에 따라 규제의 공백이 발생하기도 한다. 이 같은 상황에서 약관은 기존의 법체계에서 불명확하게 규정된 부분을 명확하게 기술함으로써, 법률상의 공백을 보완하고 차후에 발생할 수 있는 당사자 간 분쟁을 예방하는 기능을 수행하기도 한다. 이처럼 많은 장점을 지닌 약관은 전기나 수도 등의 공급계약, 각종 운송계약, 보험계약이나 금융거래 등에서 유용한 거래방식으로 인정받고 있다. 그러나 사업자가 계약내용이나 거래조건을 사전에 일방적으로 결정하고, 소비자는 이를 따를 수밖에 없다는 점에서 불공정한 약관에 따른 소비자 문제가 발생하게 된다.

02 | 약관, 무엇이 문제인가?

소비자의 입장에서 약관이 장점을 가지려면 우선 약관이 공정해야 한다. 그러나 일방성, 사전성, 획일성 등 약관의 속성과 거래관계에서 소비자의 구조적 취약성은 약관거래에서 많은 소비자문제를 발생시킨다. 약관의 불공정성 문제가 발생하는 근본 원인은 약관이 거래의 일방당사자(주로 사업자)에 의해 일방적으로 마련되고, 그 내용에 대해서 소비자와 별도의 협의나 조정과정을 거치지 않는다는 것이다. 따라서 약관의 내용은 사업자들의 권리나 이익은 확대하고 의무나 부담은 축소하는 방향으로 작성되기 마련이며, 사업자가 부담해야 할 거래상의 책임이나 위험까지 소비자에게 전가하려는 경우도 흔히 볼 수 있다. 예를 들어 공급계약의 해제와 관련하여 사업자에게는 면책조항을 두는 반면, 소비자에게는 위약금을 청구하는 등 불공정한 내용의 약관이 만들어지는 것이다.

한편 소비자들은 사업자가 약관을 통해 제시하는 조건을 받아들이거나 거래를 포기하는 것 중 하나만을 선택할 수 있을 뿐, 계약내용을 자기의 의사에 따라 결정할 자유(계약내용 형성의 자유)를 갖지 못한다. 나아가 거래상대방이 시장지배적사업자이거나 마땅한 대체재가 없는 필수품인 경우에는 불공정함을 감수하고 계약을 체결할 수밖에 없으므로, 계약체결의 자유조차 가질 수 없게 된다. 즉, 약관에 의한 계약은 본질적으로 소비자들의 선택권을 심각하게 침해할 우려를 내포하고 있는 거래방식이다. 이에 불공정한 내용이 포함된 약관을 어떻게 규제할 것인지가 중요한 문제로 등장하게 되었고, 약관을 둘러싼 불공정한 법률행위들을 기존의 「민법」 등으로는 충분하게 통제할 수 없기 때문에 별도의 대응방식이 필요하게 되었다.

03 | 약관에 대한 규제

약관규제의 본질은 거래관계에 있어서 사업자에 비해 소비자가 열악한 위치에 있음으로 인해 체결된 불공정한 계약내용을, 양자가 대등한 관계에 있었다면 만들어졌을 공정한 내용으로 정부가 법률과 규제를 통해 실현해 주는 것이라 할 수 있다. 약관거래에서 발생하는 소비자문제 해결을 위한 접근법은 국가별로 다양한 형태로 발전해 왔다. 미국의 경우 약관거래를 규제하기 위한 별도의 제도나 법률을 두기보다는 일반 계약법에 이를 포함하여 규율하고 있다. 반면 우리나라와 영국, 일본 등은 현재 약관규제를 위한 별도의 규제체계를 두고 있다. 우리나라는 「약관의 규제에 관한 법률(이하 약관규제법)」을 통한 입법적 규제와 공정거래위원회의 약관심사나 행정관청의 약관인가 등 행정적 규제를 통해 불공정한 약관을 규제하고 있다.

1) 입법적 규제: 약관규제법

약관에 대한 입법적 규제는 대체로 「약관규제법」에 의한 통제를 의미한다. 우리나라에서는 약관거래에서의 불공정성을 기존의 「민법」이나 「상법」 등으로 적절히 통제하는데 한계가 있다고 보아 1986년 12월에 「약관규제법」을 제정하여, 1987년 7월부터 시행하고 있다. 일반적으로 약관에 대한 입법적 규제는 소비자에게 현저히 불공정한 조항을 계약내용에 포함시키지 못하도록 하거나, 소비자에게 불리한 방향으로 해석하지 못하게 하는 것 등을 주된 내용으로 하는데, 이른바 편입통제, 해석통제, 내용통제의 세 가지 방법으로 이루어진다.

편입통제란 불공정한 약관을 당사자 간의 계약내용에 포함시키지 못하도록 하는 것이다. 약관의 편입통제를 위해 「약관규제법」에 정하고 있는 것으로는 사업자의 명시·설명의무나, 개별약정 우선의 원칙 등이 있다. 「약관규제법」에서는 어떠한 약관에 의해 계약을 체결하였다 하더라도, 해당 약관이 계약내용으로 인정되기 위해서는 사업자가 반드시 약관의 명시, 교부 및 설명의무를 다해야 한다고 규정하고 있다. 즉, 사업자는 계약체결 시 소비자에게 약관의 내용을 분명하게 밝히고, 소비자의 요구가 있을 때는 그 사본을 내주어 소비자가 약관의 내용을 알 수 있게 해야 한다. 또한 사업자는 약관에 정해져 있는 중요한 내용을 소비자가 이해할 수 있도록 설명해야 한다. 여기서 중요한 내용이란 소비자의 이해관계에 중대한 영향을 주는 사항으로, 소비자의 계약체결 여부에 직접적인 영향을 미칠 수 있는 사항을 의미한다. 약관의 명시 및 설명의무를 위반한 경우에는 해당 약관을 계약의 내용으로 주장할 수 없으며, 의무를 다했는지에 대한 입증책임은 사업자가 부담해야 한다. 다음으로 개별약정 우선의 원칙이란 약관에서 정하고 있는 사항에 관하여 사업자와 소비자 간에 약관의 내용과 다르게 합의한 사항이 있을 때에는 그 합의 사항이 약관에 우선한다는 것이다. 다만 개별약정이 소비자에게 불리한 경우라 하더라도 개별약정이 우선한다.

해석통제는 약관의 내용을 소비자에게 유리하게 해석하고, 신의성실의 원칙에 따라 공정하고 객관적으로 해석해야 한다는 것이다. 이를 위해 「약관규제법」에서는 별도로 약관의 해석에 대한 원칙을 두고 있다. 신의성실의 원칙은 「약관규제법」뿐 아니라 「민법」 전반을 규율하는 원칙이라고 볼 수 있는데, 거래상의 신의에 어긋나는 행동을 해서는 안 된다는 것이다. 이러한 신의성실의 원칙에 의거, 약관의 해석은 공정하고 객관적으로 이루어져야 한다. 또한 약관은 소비자에 따라 다르게 해석되어서는 안 된다. 만약 동일한 약관으로 계약을 체결한 다수의 소비자들에 대해 소비자마다 그 해석이 달라진다면 이는 약관의 본질인 획일성을 벗어날 뿐 아니라, 경우에 따라서는 특정 소비자를 차별하는 결과로 이어질 수 있다. 마지막으로 약관의 뜻이 명백하지 않은 경우에는 이를 소비자에게 유리한 방향으로 해석하도록 규정하고 있다. 약관은 사업자가 사전에 일방적으로 작성해 놓은 계약내용이므로 불명확한 부분이 있을 때는 이를 소비자에게 유리하도록 해석함이 타당하다는 취지이다.

내용통제는 불공정성통제라고도 불리는데, 약관의 내용을 심사하여 불공정한 약관은 무효로 하는 것으로 약관의 내용을 직접 규제하는 방법이다. 「약관규제법」에서는 내용통제와 관련하여 일반원칙과 구체적 무효사유에 대한 규정을 두고 있다. 내용통제의 일반원칙은 신의성실의 원칙을 위반하여 공정을 잃은 약관조항은 무효라고 정하고 있는데, 신의칙 위반은 소비자에게 현저한 불이익, 예상의 곤란성, 본질적 권리의 제한 등의 기준으로 판단한다. 동법에서는 일반원칙과 더불어 구체적 무효사유 여덟 가지를 열거하고 있다. 구체적으로 ①사업자의 책임을 제한하거나 배제, ②소비자에게 과중한 손해배상의무 부담, ③소비자의 해제·해지권을 배제하거나 사업자에게 과도한 권한 부여, ④급부를 사업자가 일방적으로 변경하거나 중지, ⑤소비자권리를 부당하게 제한, ⑥의사표시의 의제, ⑦대리인에게 과중한 책무 부여, ⑧소비자의 소제기를 금지하는 조항 등이 이에 해당한다.

대법원 판례(2011. 8. 25. 선고 2009다79644): 인터넷 게임서비스 계정이용중지조치 해제 사건

인터넷 게임서비스 '리니지(Lineage) I ' 이용자 A씨는 자신의 계정을 이용하여 3회에 걸쳐 게임 아이템을 현금으로 구입하는 현금거래행위를 하였다. 해당 게임의 이용약관에서는 아이템 현금거래 행위에 대하여 '최초 1회 적발이라고 하더라도 해당 계정으로 과거현금거래를 한 사실이 추가 확인 되는 경우 해당 계정은 영구이용제한 가능하고, 2회 이상 적발 시 영구이용정지가 가능하다'고 규정 하고 있었다. 이에 A씨는 3회에 걸쳐 이루어진 현금거래행위가 한꺼번에 적발되었는데, 영구이용정 지를 당한 것은 부당하다며 소송을 제기하였다.

원심에서는 약관에 근거한 업체의 조치가 정당하다고 판단하였다. 그러나 대법원의 판결은 달랐 다. 대법원은 영구이용정지조치를 취하기 위해서는 '최초 1회 적발'이라는 요건과 '해당 계정으로 과 거 현금거래행위를 한 사실의 추가 확인'이라는 요건이 모두 충족되어야 한다고 보았다. 이때 '추가 확인'은 첫 번째 적발 후, 추가로 새로운 현금거래행위를 확인하는 경우를 의미하는 것으로, 또한 현 금거래행위가 2회 '있는' 경우가 아니라 2회 '적발'되어 하는 것으로 해석할 수 있다고 판단하였다. 따라서 3회의 거래행위가 한꺼번에 적발된 A씨의 계정에 대한 영구이용정지조치는 부당하다고 판 시하였다.

이 사건에서는 약관의 해석에 있어 원심과 대법원의 입장에 큰 차이가 있었다. 원심의 판결은 원 고의 거래행위가 3회에 걸쳐 이루어졌으므로, 약관에서 정한 이용제한 기준을 충족한다고 보았다. 반면 대법원은 '추가 확인'이라는 조건을 소비자에게 유리하게 해석하여, 3회의 거래사실이 한꺼번 에 적발된 경우는 '추가 확인'에 해당하지 않는다고 본 것이다. 이는 약관의 내용이 여러 가지로 해 석이 가능한 경우, 소비자에게 유리하게 그리고 작성자에게는 불리하게 해석해야 한다는 원칙을 보 여준 사건이다.

2) 행정적 규제: 약관심사와 관청인가약관

약관에 대한 행정적 규제에는 크게 공정거래위원회의 약관심사와 행정관청의 인 가약관 제도가 있다. 공정거래위원회의 약관심사는 약관자체의 무효 여부를 심사하 는 작업이며, 개별약관에 대한 심사 및 시정과 표준약관 보급이 주된 업무이다. 개 별약관에 대한 심사는 약관의 불공정성을 사후적, 개별적으로 심사하여 수정 또는 삭제하는 과정으로, 약관의 이해관계자나 소비자단체 등이 심사를 청구한 사건이 「약관규제법」에 위반되는지를 심사한다. 반면 표준약관은 불공정약관의 작성과 통 용을 사전에 예방하기 위한 작업으로, 사업자가 일정한 거래분야에서 표준이 되는 약관으로 작성한 것을 심사하여 승인·보급하는 업무이다. 공정거래위원회는 소비자

공정거래위원회의 불공정약관 시정 사례

• 4개 SNS 사업자의 서비스 이용약관 시정(2016.6.)

최근 이용자가 폭발적으로 증가하고 있는 SNS와 관련하여 이용자들에게 일방적으로 불리한 약관조항으로 인한 소비자의 피해를 예방하기 위해 카카오스토리, 페이스북, 트위터, 인스타그램 등 4개 SNS 사업자의 서비스 약관을 직권조사하여 불공정 약관조항을 시정하였다. 주요 시정조항으로는 이용자의 저작물을 사업자가 상업적인 목적 등 서비스 제공 이외의 목적으로 이용할 수 있도록 한 조항, 사업자가 사전 고지 없이 일방적으로 서비스의 내용을 중단 또는 변경하거나 계약을 해지할 수 있도록 하는 조항, 사업자의 법률상의 책임을 배제하는 조항 등이 있다.

• 20개 온라인 강의학원의 이용약관 시정(2016.9.)

어학, 자격증, 고시 등 취업 준비를 위해 온라인 강의학원을 이용하는 소비자의 수가 폭발적으로 증가하고 있다. 그러나 청약철회 및 환불을 제한하거나 수강취소의 의사표시는 유선 및 오프라인에서만 가능하도록 하는 등의 불공정약관 조항으로 인한 소비자분쟁이 지속적으로 발생하고 있다. 이에 공정거래위원회는 20개 온라인 강의학원의 이용약관을 조사하여, 「평생교육법」 및 「전자상거래법」에서 보장하고 있는 환불 및 청약철회 규정을 토대로, 1개월 이상 온라인 강의는 수강생이 언제든지 중도에 해지할 수 있도록 하고 수강하지 않은 부분은 환불받을 수 있도록 해지 및 환불 규정을 시정하였다. 또한 계약체결 후 7일 이내 청약철회를 제한하거나 청약철회 시 위약금을 공제하는 조항을 삭제, 수정하였으며, 수강신청을 온라인으로 할 수 있는 경우 수강취소도 온라인으로 할 수 있도록 시정하였다.

• 에어비앤비 불공정 환불정책 시정(2016.11.)

공유서비스의 일환인 에어비앤비의 국내 이용자가 지속적으로 증가하고 있는 상황에서 불공정 환불약관으로 인한 이용자의 피해사례도 지속적으로 발생하고 있다. 이에 공정거래위원회는 에어비앤비의 환불약관을 조사하여 숙박 예정일로부터 7일 이상 남은 시점에 예약을 취소하는 경우 총 숙박대금의 50%를 위약금으로 부과하는 조항, 예약이 취소되는 경우에도 에어비앤비의 서비스 수수료(총 숙박대금의 6~12%)는 일절 환불되지 않는다는 조항에 대해 시정명령을 결정하였다. 당초 공정거래위원회는 해당 조항의 시정을 권고하였으나, 에어비앤비가 정당한 사유없이 불응하여 2016년 11월 15일 시정명령을 의결하였다.

• 17개 대학 기숙사 이용약관 시정(2016.8.)

대학 기숙사는 학교로의 접근이 편리하고, 인근 주택에 비해 비용이 저렴한 장점 등으로 많은 학부모와 학생들이 이용하기를 원하고 있다. 그러나 일부 대학 기숙사의 불공정약관 조항으로 기숙사 이용자들의 피해가 지속적으로 발생함에 따라 공정거래위원회는 전국 17개의 국공립 및 사립대학교 기숙사 이용약관을 점검하였다. 조사결과 중도퇴사 시 위약금을 과도하게 부과하거나, 강제퇴사의 경우에는 기숙사비를 일절 환불하지 않는 조항, 기숙사 측이 학생이 재실하지 않는 개인호실을 불시에 출입하여 점검할 수 있도록 한 조항, 이용기간 종료 후 두고 간 개인물품을 임의로 처분할 수 있도록 한 조항 등 5개 유형의 불공정약관 조항을 시정하였다.

자료: 공정거래위원회(2017). 2017년판 공정거래백서

2011~2017년도 약관심사 청구현황

2011년부터 2017년까지 공정거래위원회에 접수된 민원 및 약관심사 청구건수는 약 10,367건, 1987년 「약관규제법」이 시행된 이후 2017년까지는 24,781건에 이른다. 청구인별로는 이해관계인이 심사를 청구한 경우가 가장 많았으며, 공정거래위원회 직권으로 심사를 실시한 경우도 상당수 있었다. 최근에는 모바일쿠폰, 소셜커머스, 스마트폰 등과 같이 새롭게 등장한 산업에 대한 약관심사 수요가 증가하고 있는 추세이다.

청구인별 약관 관련 민원 및 심사 청구현황

청구인별 \ 연도	2011	2012	2013	2014	2015	2016	2017	계
이해관계인	839	795	750	1,095	1,875	2,085	2,026	9,465
소비자단체	3	1	2	26	3	1	–	36
직권심사	115	47	153	139	175	138	99	866
계	957	843	905	1,260	2,053	2,224	2,125	10,367

자료: 공정거래위원회(2018). 2018년판 공정거래백서

피해가 빈번한 분야의 약관에 대해서는 신고된 사건 이외에 별도의 직권조사를 실시하기도 한다. 관청인가약관이란 전기나 수도 등 생활과 밀접한 사업 분야의 약관에 대해서는 관청의 인가를 받도록 하는 것을 말한다. 이는 광범위한 피해가 예상되는 불공정약관을 사전에 차단하는 데에 그 목적이 있다.

1. 평소에 불공정하다고 생각하는 약관이 있었다면 소개하고, 불공정하다고 생각하는 이유와 개선방향을 제시해 봅시다.
2. 모바일쿠폰, 소셜커머스, 스마트폰 등과 같이 새롭게 등장한 산업분야에서 발생한 공정거래위원회 약관심사 결과나 판례를 한 가지 찾아 정리해 봅시다.

비대면거래에서의 불공정성에 대한 규제

소비자거래문제는 시장에서의 경쟁부족이나 소비자와 사업자 간 거래지위의 불균형에 의해 나타나기도 하지만, 기술의 발달로 등장한 새로운 거래수단으로부터 발생하기도 한다. 특히 전통적 거래방식과는 본질적으로 다른 비대면거래의 등장은 기존의 법제도하에서 예상하지 못한 소비자문제를 발생시키고 있다. 본 장에서는 통신기술을 이용한 비대면거래의 특징과 그로부터 생겨나는 새로운 소비자문제, 그에 대한 정책적 규제를 살펴본다.

01 | 비대면거래의 등장과 소비자문제

통신기술의 비약적 발달은 사업자와 소비자가 직접 대면하지 않고 통신망을 통해 거래가 이루어지는 비대면거래라는 새로운 거래방식을 탄생시켰다. 시간과 공간의 제약 없이 무점포, 비대면 방식으로 물건을 판매하고 구매할 수 있는 비대면거래는

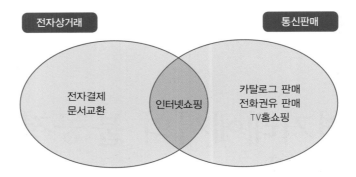

그림 **13-1** 비대면거래의 개념과 범위

사업자에게는 시장진입의 용이성과 유통 및 운영비용 절감이라는 이점을, 소비자에게는 정보접근의 용이성, 구매비용 절감, 사업자와 상품에 대한 선택폭 확대 등의 이점을 제공하였다. 이렇듯 사업자와 소비자 모두에게 많은 이점을 제공하는 비대면거래는 효율적이고 획기적인 거래방식으로 인정받으며 빠르게 확산되어 갔다.

오늘날 비대면거래는 주로 전자상거래와 통신판매의 형태로 이루어진다. 「전자상거래 등에서의 소비자보호에 관한 법률(이하 전자상거래법)」에 따르면, 전자상거래란 거래의 전부 또는 일부가 전자문서에 의해 처리되는 거래를 의미한다. 통신판매란 우편이나 전기통신, 광고나 전단, 방송 등을 통해 재화나 서비스에 관한 정보를 제공하고 소비자의 청약을 받아 이를 판매하는 것을 의미한다. 이에 따르면 전자상거래는 일반적인 제품거래 이외에도 온라인 강의나 게임, 음악파일 다운로드 등 무형의 제품거래, 인터넷뱅킹이나 온라인증권거래 등 전자금융거래, 기타 단순한 전자문서의 교환 등을 포괄하는 개념으로 볼 수 있다. 반면 통신판매는 전기통신수단을 이용한 청약과 판매가 개념을 구성하는 중요한 요소가 된다. 그러나 양자가 상호배타적 영역을 형성하는 것은 아니며, 비대면거래에서 가장 큰 비중을 차지하는 인터넷쇼핑몰의 경우 전자문서를 통해 거래가 처리된다는 점에서 전자상거래인 동시에, 전기통신을 이용하여 청약 및 판매가 이루어진다는 점에서 통신판매에 해당한다. 현행 법제하에서 전화권유판매는 일반적인 통신판매에 비해 소비자의 선택권이 더욱 제한된다고 보아 「전자상거래법」이 아닌 「방문판매법」에서 이를 규율하고 있다. 그러나 이는 해당 거래를 규율하는 법률을 무엇으로 할 것인가의 문제이며, 통신판매의 정의에 근거하여 판단하자면 전화권유판매 또한 통신판매의 일종으로 보는 것이 타당하다.

122 | **PART 4**
소비자거래문제 해결을 위한 정책

비대면거래, 특히 전자상거래는 그 속성상 크게 두 가지 측면에서 소비자문제가 발생할 위험성이 높다. 첫째, 비대면거래는 거래의 상대방인 사업자와 거래의 목적물인 제품을 직접 눈으로 확인하고 구매하지 못한다는 한계가 있다. 전통적 거래방식이 사업자가 고정된 영업장소에 찾아온 소비자와 직접 대면하여 매매계약을 체결하고 대금을 지급하는 방식으로 이루어졌다면, 비대면거래는 사업자와 소비자가 거래상대방 내지는 거래대상을 직접 확인하는 과정 없이 거래가 이루어지게 된다. 그러므로 소비자들은 사업자에 대하여 정확한 정보를 가지고 있지 못하며, 사업자가 자신에게 유리하도록 선별적으로 제공한 제품정보를 바탕으로 구매의사결정을 내리게 된다. 따라서 허위 또는 과장된 정보에 의존하여 비합리적, 충동적 구매가 이루어지기도 하고, 거래에서 문제가 생기더라도 사업자를 찾을 수 없는 등의 문제가 발생하기도 한다. 둘째, 비대면거래에서는 대금의 지불과 제품의 수령이 동시에 이루어지지 않고, 대금을 먼저 지급하고 나중에 제품을 받는 방식으로 거래가 이루어진다. 따라서 대금을 지급하였는데도 상품이 배송되지 않거나 일방적으로 계약이 취소되는 경우, 물건에 하자가 있어도 반품이나 교환·환불이 어려워서 피해를 입는 상황이 자주 발생한다.

02 | 비대면거래의 소비자보호장치

비대면거래에서 발생하는 소비자문제를 해결하기 위해 정부는 지속적으로 관련 법제를 정비해왔는데, 2002년 재정된 「전자상거래법」이 대표적이다. 「전자상거래법」에서는 기존의 소비자보호법제에 포함되지 않았던 청약철회권이나 구매안전서비스 등의 새로운 소비자보호장치를 도입하고, 사업자의 책임을 강화함으로써 소비자문제 해결을 도모하였다.

1) 청약철회제도

「전자상거래법」상 소비자보호 규정 가운데 핵심은 소비자에게 청약철회권을 부여한 것이다. 소비자의 청약철회권이란 소비자가 계약을 체결한 이후에 소비자에게 구매결정을 재고할 수 있는 기간을 주고, 일정기간 내에 구매의사를 철회할 경우에는

교환/반품정보

배송비(편도)	2,500원
보내실 곳	(18465) 경기도 화성시 동탄물류로
연락처	1644-

교환/반품 가능시간

· 구매자 단순 변심 : 상품 수령일로부터 7일 이내 (배송비 : 구매자 부담)
· 표시/광고와 상이, 상품하자 : 상품 수령 후 3개월 이내 및 표시/광고와 다른 사실을 안 날 또는 알 수 있었던날부터 30일 이내 (배송비 : 판매자 부담)
· 소비자가 전자상거래 등에서의 소비자 보호에 관한 법률 제17조 제1항 또는 제3항에 따라 청약철회를 한 후 그 상품을 판매자에게 반환하였음에도 불구하고 정당한 사유없이 결제대금의 환급이 3영업일을 넘게 지연된 경우, 소비자는 전상법에 따라 지연기간에 대하여 전상법 시행령으로 정하는 이율을 곱하여 산정한 지연이자(지연배상금)를 신청할 수 있습니다.

교환/반품 불가사유

· 반품 요청 가능 기간이 지난 경우
· 구매자 책임 사유로 상품 등이 멸실 또는 훼손된 경우 (단, 상품 내용확인을 위해 포장등을 훼손한 경우는 제외)
· 포장을 개봉하였으나, 포장이 훼손되어 상품가치가 현저히 상실된 경우 (예 : 식품, 화장품, 향수, 음반 등)
· 시간의 경과에 의해 재판매가 곤란할 정도로 상품 등의 가치가 현저히 감소한 경우
· 복제가 가능한 상품 등의 포장을 훼손한 경우 (CD/DVD/GAME/도서의 경우 포장 개봉 시)

그림 **13-2** 인터넷쇼핑몰에 공지된 청약철회 규정

계약을 없었던 것으로 할 수 있는 권리이다. 「민법」에서는 당사자 일방이 청약을 하고 상대방이 이를 승낙한 경우에 계약이 성립하는데, 거래안전과 신의칙 보호를 위해 청약자는 원칙적으로 청약을 철회할 수 없다. 그러나 「전자상거래법」에서는 소비자가 사업자의 귀책사유 없이도 청약을 철회할 수 있도록 예외 규정을 둔 것이다. 이는 사업자의 광고에 의존하여 의사결정을 해야 하는 비대면거래의 특성상, 소비자가 충동적이고 신중하지 못한 결정을 내릴 수 있으므로 소비자에게 구매결정을 다시 생각해볼 수 있는 시간을 주는 것이다. 거래안전을 희생시키더라도 거래관계에서 취약한 위치에 있는 소비자를 보호하려는 취지이다. 「전자상거래법」에서의 청약철회는 강행법규로서, 청약철회권을 배제하는 거래당사자 간 특약은 효력이 인정되지 않는다. 「전자상거래법」에서 소비자는 계약서 서면을 교부받은 날로부터 7일 이내에 청약을 철회할 수 있다. 다만 시간이 경과하여 재판매가 불가능할 정도로 제품의 가치가 훼손되었거나, 복제가 가능한 제품의 포장이 훼손된 경우 등 특정 사유가 있는 경우에는 청약철회를 제한하고 있다.

2) 사업자의 책임 강화

「전자상거래법」에서는 소비자의 청약철회권 외에도 소비자를 보호하기 위해 사업자에게 다양한 책임을 부과하고 있다. 우선 사업자로 하여금 일정한 내용을 반드시 표시하도록 하는 사업자의 표시의무를 두고 있다. 표시해야 하는 내용은 사업자의 성명이나 주소, 사업자등록번호 등 신원에 관한 정보, 거래조건, 청약철회방법, 교환·반품·환불에 관한 사항이 모두 포함된다. 또한 비대면거래의 특성상 소비자가 사업자의 신원을 파악하기 어렵다는 문제를 보완하기 위해 사업자의 신고의무를 두고 있다. 사업자는 상호, 주소지, 전화번호 등 사업체 관련 정보와 사업자의 성명과 주민등록번호를 공정거래위원회나 지방자치단체의 장에게 신고해야 한다.

그 외에도 「전자상거래법」에서는 소비자피해를 유발할 수 있는 사업자의 특정 행위를 금지하고 있다. 허위과장광고 등 기만적 방법으로 소비자의 구매를 유도하거나 거래를 강제하는 행위, 청약철회를 방해하기 위해 연락처를 변경하거나 쇼핑몰을 폐지하는 행위, 소비자의 정보를 허락없이 이용하는 행위 등이 모두 금지행위에 포함된다.

3) 결제대금예치제도(에스크로 제도)

비대면거래의 문제 중 하나는 대금의 지급과 제품의 공급이 동시에 일어나지 않는다는 점이다. 보통 소비자들이 먼저 대금을 지급하고 나중에 물건을 받는 형태로 거래가 이루어지는데, 대금을 지불하고도 상품을 받지 못하거나 계약과 다른 상품이 전달되는 등의 피해가 발생하기 쉽다. 특히 전자상거래에서는 소비자가 사업자의 신원을 확인하지 못한 채 계약을 체결하게 된다. 비록 「전자상거래법」에서 사업자의 신고의무를 두고 있으나, 신고를 받은 행정기관이 신고내용이 사실인지 확인하기 어렵고, 확인하였다 하더라도 사업자가 언제든지 이를 변경할 수 있다. 따라서 소비자는 항상 사기를 당할 위험에 노출되어 있다. 이러한 상황에서 소비자를 보호할 수 있는 가장 효율적인 방법은 거래가 정상적으로 완료되었음을 소비자가 확인할 때까지 대금의 지급을 미루는 것이다.

「전자상거래법」에서는 이러한 취지에서 2005년 법개정을 통해 이른바 에스크로 제도라 불리는 결제대금예치제도를 도입하였다. 결제대금예치제도는 「전자금융거래

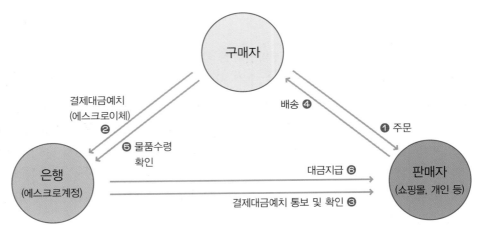

그림 **13-3** 결제대금예치제도의 구조

법」에 따라 금융위원회에 등록한 제3자가 소비자의 결제대금을 예치하고 있다가 상품배송이 완료되면 그 대금을 사업자에게 지급하는 제도이다. 「전자상거래법」에 의하면 사업자는 소비자가 주문한 제품의 배송이 완료될 때까지 결제대금을 은행이나 신용카드사, 기타 에스크로 서비스 제공업체에 예치해야 한다. 에스크로 업체는 거래가 정상적으로 완료되었다는 소비자의 확인을 받은 후, 보관하고 있던 대금을 사업자에게 지급한다.

에스크로 제도는 소비자가 직접 상품을 확인하고 거래가 문제없이 이루어졌음을 확인할 때까지 결제대금의 지급을 유예함으로써, 대금을 먼저 지급함에 따른 소비자피해를 상당부분 예방하는 효과가 있다. 이처럼 에스크로 제도는 비대면거래에서 소비자가 가지는 구조적 취약성을 보완한다는 측면에서 의의가 있으나, 현행법에서는 소비자가 에스크로 제도의 이용여부를 선택할 수 있도록 정하고 있다. 따라서 사업자가 가격할인 등의 방법으로 소비자가 이를 이용하지 못하도록 유도하는 등의 사례가 발생하고 있으므로, 이에 대한 보완이 이루어져야 할 것이다.

하프플라자 사건

　2002년 8월 19일, 유모씨는 쇼핑몰 하프플라자를 오픈하였다. 하프플라자는 오픈 초기부터 모든 물품을 반값에 판매한다는 파격적인 마케팅을 펼쳤다. 재고부족으로 판매가 불가능할 경우에는 1.5배의 금액을 환불한다는 정책을 더하면서 사람들의 이목을 끌었다. 많은 사람들이 물건을 구매하였고, 오픈 4개월만인 2002년 12월에는 하루 방문자 20만 명을 기록하였다.

　그런데 2003년 2월 4일, 소비자원은 하프플라자에 대해 소비자경보를 발령한다. 이미 2002년 11월부터 결제 후 제품이 배송되지 않고, 취소를 해도 환불이 되지 않는 등의 소비자피해가 계속되고 있었던 것이다. 피해건수도 2002년 11월에는 109건, 12월에는 176건, 2003년 1월에는 615건으로 급격히 불어났다. 2월 13일, 공정거래위원회에서는 허위광고로 하프플라자에 과징금 5천만 원을 부과하였고, 검찰 수사도 시작되었다. 수사가 시작되자 하프플라자에 대해 소비자원에 900여건, 공정거래위원회에 50여건, 소비자연맹에 130여건, 청와대 신문고에 300여건의 신고가 접수되어 있음이 밝혀졌다. 이 사건으로 피해를 입은 사람은 15만 명, 피해액은 무려 300억 원에 달했다.

　당시 하프플라자는 반값인 대신 배송이 늦어질 수도 있다는 조건을 내걸었다. 실제로 배송을 받은 소비자들도 있었고, 이들이 배송을 받은 사실을 홈페이지에 올리면서 소비자들은 쇼핑몰을 신뢰하기 시작하였다. 그런데 이는 반값판매를 통해 금액이 모이면 반값보다 높은 가격에 제품을 사서 몇 명에게만 배송하는 방식이었다. 이 당시는 인터넷쇼핑몰 초창기였기 때문에 사기위험에 대한 소비자들의 인식이 미흡하였고, 안전거래를 위한 장치도 전혀 없어 그 피해가 더욱 컸다. 이 사건은 우리나라에서 에스크로 서비스를 일반화하는 계기가 되었다.

안녕하십니까?
하프플라자 운영자입니다.

검찰 내 수사 중에 있는 관계로
앞으로의 정상적인 운영은 불가능하게 되어 사이트를 전면 폐지합니다.

회원님 개개인에게 많은 피해를 안겨드리게 된 점 거듭 사과의 말씀드립니다.

죄송합니다.

1. 최근 등장한 새로운 형태의 비대면거래를 한 가지 소개하고, 그로부터 발생할 수 있는 소비자문제를 정리해 봅시다.
2. 본인이 자주 이용하는 인터넷쇼핑몰 가운데 하나를 선택하여, 해당 쇼핑몰에서 도입하고 있는 소비자보호 장치를 분석하고 개선할 점을 제시해 봅시다.

소비자정책
: 이론과 정책설계

PART 5

소비자피해해결을 위한 정책

14. 소비자피해구제의 특수성
15. 소비자피해해결의 방법

지금까지 우리는 시장에서 소비자문제가 발생하는 원인과 이를 해결하기 위한 정부의 노력을 소비자정보, 소비자안전, 소비자거래의 측면으로 나누어 살펴보았다. 이 같은 정부의 노력에도 불구하고 소비생활을 영위하는 과정에서 소비자의 불만이나 피해는 발생하기 마련이다. 이는 소비자피해가 일정부분 구조적인 문제에서 발생하는 것이기 때문이다. 소비자피해로 인하여 사업자와 소비자 간 분쟁이 발생하는 경우, 가장 원론적인 해결법은 법원을 통한 소송일 것이다. 그러나 소비자피해의 속성상 소송을 통한 분쟁해결이 적절하지 않은 경우가 대부분이다. 이에 정부는 소비자피해 발생 시 적은 비용으로 합리적이고 융통성 있게 분쟁을 해결할 수 있는 다양한 대안을 두고 있다. 제5부에서는 보다 효율적인 방법으로 사업자와 소비자 간 분쟁해결을 도모하기 위한 다양한 정책들을 살펴본다.

소비자피해구제의 특수성

소비자피해구제를 위한 사업자와 소비자 간 분쟁을 개인 간 거래에서 발생하는 일반적 분쟁과 다르게 보아야 하는 이유는 소비자피해의 속성이 일반적인 분쟁해결 방법을 적용하기에 적절하지 않고, 소비자와 사업자 간 분쟁해결 능력에 현저한 차이가 존재하기 때문이다.

01 | 소비자피해의 특성

소비자피해를 한마디로 정의하기는 쉽지 않으나, 일반적으로 소비자가 사업자로부터 재화나 용역을 구매하여 사용하는 과정에서 발생한 신체, 생명, 재산, 정신적 손해를 통칭하는 의미로 사용된다. 이때 재화나 용역의 하자나 결함으로부터 발생한 피해를 내용상의 피해, 거래과정에서 불공정한 계약이 이루어졌거나, 기만적인 표시광고로 발생한 피해를 거래상의 피해로 구분하기도 한다. 소비자피해는 일반적인 거래에서 발생한 피해와는 다른 특성을 가지는데, 이는 소비자와 사업자 간 거래관계에 존재하는 구조적 불균형이 그로부터 발생한 피해에도 그대로 반영되기 때문이다. 소비자피해의 특성은 크게 보편적 발생, 소액다수의 피해, 원인규명의 어려움, 소비자와 사업자 간 분쟁해결 능력의 차이 정도로 정리된다.

1) 보편적 발생

소비자피해는 일상생활에서 누구에게나 일어날 수 있다. 현대사회에서 사람들은 시장에서 제품을 구매하거나 서비스를 이용하지 않고는 살아갈 수 없다. 따라서 소비자피해는 특정 개인의 문제가 아니고, 모든 소비자에게 보편적으로 발생할 수 있는 문제로 보아야 할 것이다. 또한 소비자피해는 제품의 안전이나 품질 등에서부터 판매방법, 거래조건, 허위과장광고나 기만적 소비자정보에 이르기까지 모든 분야에서 발생하므로, 이를 사전에 예방하거나 회피하는 것은 상당히 어렵다. 이와 같은 소비자피해의 보편성은 다수의 소비자들이 간편하고 손쉽게 피해구제 체계에 접근할 수 있어야 함을 의미한다.

2) 소액다수의 피해

소비자피해는 일반적으로 소액다수의 피해 형태로 나타난다. 개별 소비자가 받는 피해는 소액이지만, 그 피해가 다수의 소비자에게 발생한다는 것이다. 이는 소비자들이 사업자로부터 피해를 입었더라도, 해결을 위해 적극적으로 나서지 않는 본질적인 이유이다. 사업자와의 분쟁에 드는 비용과 노력을 생각하면, 소액의 피해를 감수하고 그냥 넘어가는 것이 개별 소비자 입장에서는 오히려 이득일 수 있기 때문이다. 문제는 개별 소비자가 입은 피해는 소액이지만 다수 소비자에게 발생한 피해를 모두 합하면 전체 피해규모는 막대할 뿐 아니라, 이는 결국 사업자의 부당한 이익으로 연결된다는 점이다. 이러한 점은 사업자가 위법적 행동을 지속하려는 강한 동기를 제공한다. 이와 같은 상황은 비록 소액이지만 피해를 감수해야 하는 개별 소비자는 물론, 사회후생의 측면에서도 결코 바람직하지 않다. 따라서 소비자가 적은 시간과 비용으로 피해구제를 받을 수 있고, 다수의 소비자들이 연계하여 효율적으로 분쟁해결을 도모할 수 있도록 하는 정책적 대안이 필요하다.

3) 원인규명의 어려움

소비자피해에서는 피해발생의 원인을 특정하기 어려운 경우가 많다. 현대사회에서는 하나의 제품이 소비자의 손에 들어오기까지 복잡한 생산과 유통과정을 거쳐야 한다. 그 과정에서 다수의 사업자가 관련되어 있으므로, 어느 단계에서 소비자피해가 발생하였는지 밝히는 것은 쉽지 않다. 또한 다양한 기술과 지식이 집약된 제품의 경우, 어떠한 하자나 결함으로 인해 피해가 발생하였는지 파악하는 것은 일반 소비자들에게 매우 어려운 일이다. 이 같은 상황은 소비자가 누구에게 책임을 물어야 할지를 몰라서 피해구제 받기를 포기하게 만드는 원인이 된다.

4) 소비자와 사업자 간 분쟁해결 능력의 차이

사업자와의 거래에 있어 소비자는 경제력은 물론 제품이나 거래조건에 대한 지식, 협상력에 있어서 열등한 지위에 있다. 이 같은 지위의 불균등성은 소비자피해 발생시, 양자 간 분쟁해결 능력의 차이로 이어진다. 현재 우리나라의 사법체계에서 소비자가 사업자로부터 피해를 보상받기 위해서는 최소한 사업자의 위법행위가 있었음과 그로 인하여 손해가 발생하였음을 증명해야 한다. 그러나 오늘날 소비자가 사용하는 제품은 간단한 기술에 의해 만들어진 것이 아니므로, 그 결함이나 하자를 증명하는 것은 전문지식을 가지고 있지 않은 소비자에게 상당히 어려운 일이다. 또한 거래과정에서 사업자의 조건이나 행위가 불공정한 것인지 판단하지 못할 뿐 아니라, 그로부터 자신이 입은 손해가 무엇인지 정확하게 인식하지 못하는 경우도 많다. 아울러 분쟁해결 과정에 소요되는 시간과 비용 또한 만만치 않은데, 소비자는 사업자에 비해 이를 감당할 여력이 부족한 경우가 대부분이다. 이 같은 소비자와 사업자 간 분쟁해결 능력의 차이는 분쟁해결 과정에서 소비자에게 상당히 불리하게 작용하며, 소비자가 피해구제 받기를 포기하게 되는 중요한 원인이 된다.

소액다수의 피해는 왜 소송으로 해결하기 어려운가?

지난 2008년 발생한 A인터넷쇼핑몰의 개인정보 유출사례는 소액다수의 피해를 입은 소비자들이 이를 해결하는 과정에서 겪는 어려움을 잘 보여준다. 이 사건은 우리나라를 대표하는 대형 인터넷쇼핑몰의 서버에 해커가 침입하여 약 1,081만 명에 이르는 소비자들의 이름, 주민등록번호, 주소, 연락처, 계좌번호 등 개인정보가 유출된 사건이다. 추가 조사에 따르면 실제 피해자는 그보다 훨씬 많은 1,860만 명가량인 것으로 알려졌다. 개인정보 유출을 알게 된 소비자들은 인터넷쇼핑몰을 상대로 그에 대한 손해배상을 요구하였다. 이 과정에서 일부 피해자들은 소비자분쟁조정위원회를 통해 1인당 5만~10만 원을 지급받기로 회사 측과 합의하였지만, 일부 피해자들은 소송을 제기하기로 결정하였다. 소송은 공동소송의 형태로 진행되었는데, 초기 참가인원은 약 14만7천 명에 달했다. 이는 국내 개인정보 유출 관련 손해배상 소송 가운데 최대 규모라는 기록을 남겼지만, 실제 피해자가 1,860만여 명이었음을 감안하면 소송참가 인원은 전체 피해자의 1%에도 미치지 못하는 숫자였다.

이들은 정보통신서비스 제공자가 이용자의 개인정보를 유출시키지 않도록 기술적 조치를 다할 의무가 있는데도 이를 소홀히 하여 해킹을 당하였고, 개인정보가 도용될지도 모른다는 불안감에 정신적 고통을 겪었다고 주장했다. 이로서 1인당 200만 원씩을 배상할 것을 요구하였지만 1심에서 기각당하였다(서울중앙지법 2010. 1. 14. 선고 2008가합31411 판결 등). 이어진 항소심에서는 5만여 명만이 남게 되었고, 배상금액을 대폭 줄여 1인당 30만 원을 요구하였으나 역시 기각당하였다(서울고법 2013. 5. 2. 선고 2010나31510 판결 등). 이 사건은 2015년 대법원이 최종적으로 A인터넷쇼핑몰의 손을 들어주면서, 사건발생 7년만에 소비자 패소로 막을 내렸다(대법원 2015. 2. 12. 선고 2013다43994 판결 등). 최종까지 소송에 남아있었던 인원은 처음 소송참가자의 1/4에도 미치지 못하는 3만3천여 명에 불과하였다.

이 사건의 쟁점은 정보통신서비스 제공자가 이용자의 개인정보보호를 위해 기술적·관리적 조치를 다했는지 여부였다. 이에 대해 대법원은 "정보통신서비스 제공자는 해커의 침입에 노출될 수밖에 없고 완벽한 보안을 갖춘다는 것도 기술의 발전 속도 등을 고려하면 기대하기 쉽지 않은 사정이 있다"며 "A인터넷쇼핑몰이 기술적·관리적 보호조치 의무를 위반했다고 볼 수 없다"고 판시하였다.

법원의 판결이 타당하였는가는 별론으로 하더라도, 이 사건은 소액다수의 피해가 소송으로 이어지는 것이 개인 소비자의 입장에서는 얼마나 부담이 되는지를 잘 보여주는 사례이다. 최종 결과가 나오기까지 7년여의 시간이 걸렸으며, 항소심에서 소비자들이 제시한 보상금액은 겨우 1인당 30만 원에 불과하였다. 그리고 그마저도 받지 못하였다. 본 건에서 소비자들이 소송을 선택하게 된 데에는 여러 가지 이유가 있었을 것이다. 그러나 비용과 효용의 측면만을 고려하자면 일찌감치 소비자분쟁조정위원회를 통해 1인당 5만~10만 원을 배상받고 합의한 일부 소비자들의 선택이 오히려 합리적이었다고 볼 수 있다. 본 사건은 소액다수의 피해를 입은 소비자들에게 소송이 왜 적절한 피해구제 수단이 될 수 없는지를 단적으로 보여주는 사례이다.

02 | 쉽고 편한 분쟁해결 방식의 필요성

이상에서 살펴본 소비자피해의 특성으로 인하여 양자가 대등한 관계임을 전제로 하는 소송은 소비자피해를 해결하는 수단으로 적절하지 않다. 우선 제품에 대한 지식이나 분쟁해결 능력에서 열위에 있는 소비자가 사업자를 상대로 소송에 이기기는 매우 어렵다. 뿐만 아니라 소액의 피해를 입은 경우에는 소비자가 소송에서 이기더라도 실익이 없는 경우가 많다. 소송에는 많은 비용이 들어가는데, 재판비용은 차치하더라도 변호사비용, 손해를 증명하기 위해 각종 증거를 수집하고 자문을 받는데 드는 비용, 그리고 돈으로 환산되지 않는 시간과 노력, 정신적 스트레스 등이 모두 포함된다. 따라서 소송으로부터 기대되는 이익이 이와 같은 비용을 초과하지 않는다면, 개인의 입장에서는 소송을 하지 않는 것이 오히려 합리적 선택이 될 수 있다.

이에 소비자의 열등한 지위를 보완하고, 소비자가 감당할 수 있는 수준의 시간과 비용을 들여 분쟁을 해결할 수 있는 다양한 제도들이 마련되어 왔다. 우선 사업자와 소비자 간 입장차이가 심하여 합의점을 찾기 어려운 경우, 제3자에게 상담이나 의견조율을 요청할 수 있다. 또한 대안적 분쟁해결(Alternative Dispute Resolution, ADR)과 같이 소비자들이 쉽게 접근할 수 있는 별도의 피해구제 절차를 도입하고, 분야별로 분쟁해결을 담당할 전문기관을 설립하였다. 대안적 분쟁해결은 소송에 의하지 않는 분쟁해결 방식으로, 분쟁조정이 사법기관이 아닌 곳에서 이루어진다는 측면에서 '대안적'이라는 용어를 사용한다. 대안적 분쟁해결은 공공기관이나 단체 등이 별도로 조정위원회를 구성하여 일정한 절차에 따라 조정안을 마련하고, 양 당사자에게 이를 수락할 것을 권고함으로써 분쟁을 해결하는 방식이다. 이는 중립적인 조정자가 절차를 이끌어간다는 점에서 분쟁당사자 간 직접교섭이나 소비자상담과는 다르며, 사법기관이 관여하지 않는다는 점에서 소송과도 다르다.

소비자피해구제와 관련하여 대안적 분쟁해결은 여러 가지 장점이 있다. 우선 당사자 간의 상호양보를 통한 해결방안을 제시함으로써 소송보다 유연하게 분쟁을 해결할 수 있고, 소비자와 사업자 간 비대칭적 지위를 고려하여 조정이 이루어지기도 한다. 또한 각 사건별로 전문가들이 조정절차에 참여함으로써 전문성을 확보할 수 있고, 절차진행에 비용이 거의 들지 않는다. 이 같은 편의성을 인정하여 현재 우리나라에서는 소비자피해구제를 위해 다양한 형태의 대안적 분쟁해결기구를 두고 있는데, 대표적으로 「소비자기본법」에 근거한 소비자분쟁조정위원회가 있다. 이렇게 소비자피해구제를 위해 도입된 제도들이 공통적으로 의도하는 바는 소송에 이르지 않고 분쟁을 해결함으로써, 소비자들이 피해구제를 포기하지 않도록 만드는 것이다.

이처럼 다양한 제도적 장치에도 불구하고 분쟁을 해결하지 못하여 소송에 이르게 된 경우, 일반적인 소송절차의 한계를 극복하기 위한 대안들이 마련되어 있다. 소송 단계에서 소비자의 부담을 완화해주기 위한 장치에는 크게 두 가지가 있는데, 하나는 소비자들의 입증책임을 덜어주는 것이고, 다른 하나는 소비자피해구제에 적합한 특수한 형태의 소송제도를 운영하는 것이다. 전자의 대표적인 사례로는 제조물의 결함으로 인한 손해에 대해 무과실책임을 규정함으로써, 사업자의 고의과실에 대한 소비자의 입증책임을 완화한 「제조물책임법」이 있다. 「제조물책임법」에 따르면 소비자는 제조물의 결함으로 발생한 소비자피해에 대해 제조물의 결함으로 인하여 피해가 발생하였다는 사실만 증명하면 되고, 그 과정에서 사업자의 고의나 과실이 있었는지를 증명할 필요가 없다. 2020년에 새로이 제정된 「금융소비자보호법」 또한 소비자의 입증책임을 완화하기 위한 규정을 두고 있다. 「금융소비자보호법」에서는 금융상품 판매과정에서 사업자가 상품에 대한 설명의무를 제대로 이행하지 않았다면 소비자에게 손해배상책임이 있다고 규정하면서, 이에 대한 입증책임이 사업자에게 있음을 명시하고 있다.

후자의 사례로는 소액다수의 피해를 효율적으로 처리하기 위한 공동소송이나 선정당사자소송, 소액사건심판제도 등이 있다. 공동소송이나 선정당사자소송은 다수의 소비자에게 동일한 피해가 발생한 경우, 다수의 소송을 효율적으로 진행함으로써 자원과 노력을 절약하기 위해 도입된 제도이다. 소액사건심판제도는 소액의 분쟁금액에 대해 간소한 절차를 통해 신속하게 재판을 진행할 수 있도록 하는 것으로, 소액의 피해가 자주 발생하는 소비자분쟁에 유용하게 활용될 수 있다.

누구에게 책임을 물을 것인가? 온라인 오픈마켓의 책임과 한계

소비자피해가 해결되기 어려운 이유는 다양하다. 소액다수의 피해 형태, 소비자의 불충분한 지식과 경제력 등이 대표적 이유일 것이나, 실제로 누구에게 책임을 물을 것인지를 명확히 하기 어렵다는 점 또한 중요한 원인으로 작용한다. 온라인 오픈마켓의 사례를 들어 함께 생각해 보자.

오늘날 전자상거래의 급속한 발달로 다양한 형태의 온라인 거래가 생겨나고 있다. 소위 오픈마켓이라 불리는 통신판매중개업 또한 새로운 온라인 거래방식의 하나이다. 오픈마켓은 자체 유통경로개척이 어려운 작고 영세한 통신판매업자들에게 거래공간을 제공하고 결제시스템 등을 지원함으로써, 이들의 시장진입을 도와주고 소비자에 대한 접근성은 높여주려는 목적에서 시작되었다. 그런데 최근 오픈마켓이 자체 브랜드화되면서 높은 인지도를 바탕으로 소비자들의 의사결정에 큰 영향력을 행사하고 있다. 소비자들은 대체로 오픈마켓에 입점한 개개의 영세 통신판매업자보다는 거래공간을 제공하는 오픈마켓의 인지도와 시스템을 믿고 거래를 하고 있다. 즉, 소비자들은 오픈마켓을 거래상대방으로 인식하기 시작한 것이다.

하지만 소비자들의 믿음과는 다르게 오픈마켓 상 거래에서 문제가 발생한 경우, 오픈마켓이 가지는 의무와 책임은 미미하다. 이는 현행 「전자상거래법」에서 소비자보호를 위한 대부분의 규제가 통신판매업자를 대상으로 하며, 통신판매중개업에 대한 규율은 거의 이루어지고 있지 않기 때문이다. 물론 대형 오픈마켓들은 거래과정에서 발생한 분쟁에 대응하기 위한 자체 매뉴얼을 갖추고, 소비자피해 해결을 위해 노력하는 경우가 많다. 그러나 이는 오픈마켓들이 제공하는 소비자서비스의 일부분일 뿐, 법적책임과 의무에 근거하여 제공되는 시스템이라고 보기는 어렵다. 특히 「전자상거래법」에 따르면 자신이 통신판매의 당사자가 아니라는 사실을 소비자가 쉽게 알 수 있도록 미리 고지한 경우, 통신판매중계자의 면책을 인정하고 있다. 따라서 결정적인 문제에 있어서 오픈마켓은 거래당사자가 아님을 내세워 책임을 회피해 버리는 경우가 비일비재하다. 이러한 과정에서 오픈마켓의 인지도를 믿고 거래한 다수의 소비자들은 배신감을 느끼고 불만을 제기하게 된다.

> OO은 통신판매 중개자이며 통신판매의 당사자가 아닙니다.
> 따라서 OO은 상품 거래정보 및 거래에 대해 책임을 지지 않습니다.

실제로 법원의 판례도 거래과정에서 발생한 문제에 대해 오픈마켓의 책임을 인정하는 것에는 소극적이다. 지난 2012년에 있은 대법원 판결을 살펴보자(대법원 2012. 12. 4. 선고 2010마817). 이 판결은 우리나라의 대표적 오픈마켓의 하나인 G사에서 이루어진 위조품 판매의 책임소재에 대한 판결이다. 이 사건은 A브랜드의 상표권자가 G사의 오픈마켓에서 위조품 거래가 증가하고 있음에도 불구하고 이에 대한 조치가 소홀함을 주장하며, 오픈마켓 측에 특정 상표를 붙인 상품의 등록을 원천적으로 차단하도록 요구한 사건이다. 이에 대해 법원은 오픈마켓은 판매자와 구매자 사이의 거래가 이루어질 수 있도록 전자거래 시스템만을 제공할 뿐 구체적 거래에는 관여하지 않으므로, 해당 시스템을 이용하여 위조품의 거래가 이루어진다 하더라도 곧바로 상표권 침해에 대한 책임을 물을 수는 없다고 보았다. 물론 오픈마켓 운영자는 자신이 운영하는 거래공간에서 불법적인 상표권 침해

행위가 일어나고 있음을 명확히 인지한 경우, 그에 대한 적절한 조취를 취할 의무가 있다고 명시하였다. 그러나 해당 오픈마켓이 부정판매자를 배제하기 위한 다양한 조치를 취하고 있고, 위조품이 판매되고 있다는 사정만으로 이들이 고의 또는 과실로 주어진 의무를 게을리하였고 볼 수는 없고, 위조품 여부를 전면적으로 사전확인을 해야할 의무도 없다고 판시하였다. 이 같은 판례의 태도는 오픈마켓이 단순히 거래시스템만 제공할 뿐 거래에 직접 관여하는 당사자가 아님을 명확히 하고 있다.

이처럼 전자상거래 관련 현행 규제가 시장에서 일어나고 있는 실제 거래방식을 아우르지 못하는 원인은 시장의 급속한 변화속도를 법률이 따라잡지 못하고 있기 때문이다. 실제로 2002년 「전자상거래법」 제정 당시, 통신판매중개라는 개념을 정의하면서 염두에 두었던 거래형태는 단순히 가격비교정보를 제공하거나, 개별 쇼핑몰로 연결링크를 제공하는 거래방식이 전부였다. 따라서 통신판매중개업자의 제한된 책임범위는 거래관계에서 큰 문제가 되지 못하였다. 그러나 운영자가 제공한 공간 내에서 직접 거래가 이루어지는 오픈마켓이 통신판매중개의 주류적 형태로 등장하면서 해당 규정은 적용상의 한계를 가지게 된다. 이에 통신판매업자와 통신판매중개자의 책임범위를 동일하게 보아야 한다거나, 통신판매중개자의 형태를 세분화하여 책임범위를 달리해야 한다는 등 다양한 법개정 논의들이 이루어졌다. 최근 소셜커머스나 SNS를 통한 거래 등 한층 발전한 형태의 온라인 거래중개가 등장하면서 관련 법의 개정을 요구하는 목소리는 점차 높아지고 있다.

이 같은 변화를 반영하여 「전자상거래법」은 2016년 개정을 통해 통신판매중개자 관련 규정을 일부 개선하였다. 특히 통신판매의 중요한 일부업무를 수행하는 통신판매중개업자에 대해서는 거래과정에서 발생한 문제에 대해 일정부분 통신판매업자와 연대책임을 지우는 등의 규정을 도입하였다. 그러나 '통신판매의 중요한 일부업무를 수행하는 통신판매중개업자'의 의미가 무엇인지 명확하지 않고, 통신판매업자와 통신판매중개자 간 약정을 통해 책임소재를 제한할 수 있도록 하는 등 여전히 통신판매중개자의 면책 여지를 두고 있다. 현재 통신판매중개자의 지위에 대해서는 중개자의 개념을 없애고 거래당사자로 일원화하자는 의견에서부터 중개자에게 판매업자로서의 책임을 요구하는 것은 부당하다는 의견, 최소한 관리자로서의 의무와 책임을 강화할 필요가 있다는 의견 등이 대립하고 있다. 각각의 의견은 일면 타당한 부분이 있으므로, 소비자들의 신뢰를 보호하고 책임감 있는 온라인 거래를 도모할 수 있는 최선의 방안이 무엇인지에 대한 심도있는 논의가 필요할 것이다.

토의 과제

1. 최근 사회적으로 큰 이슈가 된 소비자문제 한 가지를 찾아보고, 어떠한 소비자피해의 특성을 가지고 있는지 정리해 봅시다.
2. 법원을 통한 일반적인 소송절차가 소비자피해를 해결하기 위한 수단으로 적합하지 않은 이유를 구체적인 사례를 들어 설명해 봅시다.

15
CHAPTER

소비자피해해결의 방법

　앞서 살펴본 바와 같이 우리나라에서는 소비자피해의 특성을 고려하여 다양한 소비자피해해결 방법을 두고 있다. 소비자피해가 발생한 경우, 일반적으로 소비자들은 일단 사업자와의 상호교섭을 통해 피해해결을 도모한다. 사업자와의 교섭에서 만족할 만한 결과를 얻지 못한 경우, 한국소비자원이나 소비자단체, 혹은 지방자치단체의 소비생활센터 등 제3의 기관에 상담이나 도움을 요청할 수 있다. 상담을 요청받은 기관들은 소비자에게 피해해결을 위한 정보를 제공하거나, 사업자와의 의견조율을 통해 합의에 도달할 수 있도록 권유한다. 이 과정에서도 문제를 해결하지 못하였다면, 대체로 분쟁조정을 통해 문제해결을 시도하게 된다. 분쟁조정은 포괄적 소비자문제를 다루는 소비자분쟁조정위원회나 특정 소비자문제를 다루는 전문분야별 분쟁조정위원회 등을 활용할 수 있다. 분쟁조정을 통해서도 문제를 해결하지 못하였다면 마지막으로 소송을 통해 피해구제를 받아야 한다. 하지만 이상의 절차들이 반드시 순서대로 이루어져야 하는 것은 아니며, 일부 절차를 생략할 수도 있다. 또한 소비자가 원할 경우, 어느 단계에서든 바로 소송절차를 시작할 수 있다. 이하에서는 각각의 소비자피해해결 방법에 대해 자세히 살펴보기로 한다.

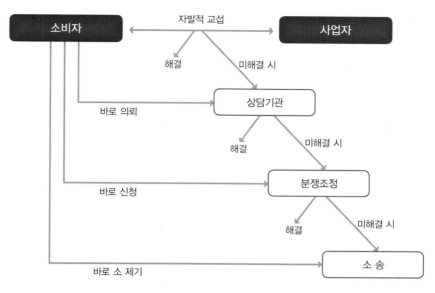

그림 **15-1** 소비자피해구제의 일반적 절차

01 | 자발적 교섭에 의한 합의

소비자피해를 해결하기 위한 노력은 소비자와 사업자가 자발적 교섭을 통한 합의를 시도하는 것으로부터 시작된다. 사업자와의 원만한 합의는 최소의 비용으로 신속하게 피해구제를 받을 수 있는 방법으로, 사적자치의 원칙에서 보자면 가장 바람직한 문제해결 방식일 것이다. 자발적 교섭을 통한 합의는 다른 피해구제 방법과 달리 제3자의 개입 없이 당사자 간 자율의사에 근거하여 해결방법을 찾는 것이므로, 합의가 잘 이루어지는 경우 가장 만족할만한 결과를 도출할 수 있다.

이 같은 장점을 인정하여 「소비자기본법」에서는 상호교섭을 통한 문제해결을 촉진하기 위한 규정들을 두고 있다. 「소비자기본법」에서는 사업자가 소비자의 의견이나 불만을 기업경영에 반영하고, 소비자피해를 신속하게 처리하기 위해 소비자상담기구를 설치하고 전담직원을 배치할 것을 권장한다. 이와 함께 소비자와 사업자 간 합의과정에서 활용가능한 「소비자분쟁해결기준」을 만들 수 있다고 규정한다. 이에 근거하여 동법 시행령에서는 분쟁해결의 일반원칙을 명시한 「일반적 소비자분쟁해결기준」을, 공정거래위원회 고시를 통해서는 품목별로 보상 및 합의에 대한 구체적 가이드라인을 제시한 「품목별 소비자분쟁해결기준」을 제정하여 운영하고 있다. 「소비자분쟁해결기준」은 소비자와 사업자 간 분쟁해결 방법에 관한 별도의 합의나 의사표시가 없는 경우, 분쟁해결을 위한 합의 또는 권고의 기준으로 활용될 수 있다. 최근 「소비자기본법」의 개정을 통해 소비자중심경영인증(Consumer Centered Management, CCM)을 법제화한 것도 사업자와 소비자 간 원만한 합의를 통한 문제해결을 촉진하기 위한 시도라고 볼 수 있다.

기업들의 소비자에 대한 이해가 높아지고, 평판이나 신용을 중시하기 시작하면서 양자 간 합의를 통한 피해구제가 점차 증가하고 있는 추세이다. 그러나 상당수의 사업자는 여전히 소비자피해해결에 무관심할 뿐 아니라, 자발적 교섭 자체를 회피하는 경우도 적지 않으므로 이를 통해 문제가 해결되는 경우는 한정적이다. 또한 소액의 피해는 대체로 원활한 합의가 이루어지지만, 피해금액이 커지는 경우 자발적 교섭을 통한 구제는 사실상 이루어지기 어렵다. 사업자와 소비자 사이에 존재하는 현저한 교섭능력의 차이 또한 자발적 합의를 어렵게 만드는 원인이 된다. 이 같은 이유로 소비자가 사업자와 원만한 합의에 이르지 못한 경우, 대부분 제3자에게 도움을 요청하게 된다.

02 | 제3자에 의한 합의 권고

사업자와 합의에 이르지 못한 소비자가 도움을 요청할 수 있는 대상은 다양하다. 「소비자기본법」에서는 국가 및 지방자치단체, 소비자단체, 한국소비자원 등을 소비자피해를 해결할 수 있는 주체로 보고 있으며, 기타 개별법에서 정하는 기관도 다수 존재한다. 우선 포괄적 소비자문제를 다루는 곳으로는 1372상담센터, 각종 소비자단체, 한국소비자원, 지방자치단체의 소비생활센터, 국민신문고 등이 있다. 다음으로 특정 분야의 소비자문제를 다루는 기관 또한 다양한데, 금융소비자보호처, 서울시 전자상거래센터, 한국의료분쟁조정중재원, 전자거래분쟁조정위원회, 기타 식약처나 보건복지부 등 특정 정부기관의 상담센터 등이 대표적이다. 소비자의 요청이 있는 경우, 이들 기관은 상담을 통해 소비자에게 관련 정보를 제공하거나, 사업자와의 의견조율을 통해 합의에 도달할 수 있도록 도와준다.

제3자의 개입은 소비자와 사업자 양측 모두에게 도움이 되는 측면이 있다. 우선 소비자는 제3자의 도움을 통해 사업자와의 관계에서 존재하는 정보와 교섭능력 차이를 어느정도 보완할 수 있다. 이 단계에서 각 기관들은 발생한 피해에 대해 전문인력들이 사실조사를 실시하고, 전문가의 자문을 제공한다. 또한 양자 간 원활한 의

참고사례

「소비자분쟁해결기준」이란?

일상생활에서 제품이나 서비스를 구매하다 보면, 아래와 같은 문구가 쓰여진 경우를 흔히 볼 수 있다. 제품에 이상이 생길 경우 「소비자분쟁해결기준」에 근거하여 보상을 하겠다는 것인데, 그렇다면 「소비자분쟁해결기준」이란 무엇일까?

> 본 제품에 이상이 있는 경우 공정거래위원회 고시
> '소비자분쟁해결기준'에 의해 보상해 드립니다.

「소비자분쟁해결기준」이란 소비자가 제품이나 서비스를 구매하여 사용하는 과정에서 사업자와 분쟁이 발생한 경우, 이를 원활하게 해결하기 위한 합의 또는 권고의 기준을 말한다. 이는 「소비자기본법」과 동법 시행령에 그 근거를 두고 있는데, 분쟁해결에 대한 일반적 원칙을 정한 「일반적 소비자분쟁해결기준」과 특정 품목에 대해 보상과 합의에 대한 구체적 가이드라인을 제시한 「품목별 소비자분쟁해결기준」으로 나누어진다. 전자는 「소비자기본법」 시행령의 별표로, 후자는 공정거래위원회의 고시로 제정하여 운영하고 있다.

「소비자분쟁해결기준」은 1985년 당시 경제기획원에서 「소비자피해보상규정」이라는 명칭으로 제정되어 운영되다가, 2007년에 이르러 그 명칭을 「소비자분쟁해결기준」으로 변경하였다. 「소비자분쟁해결기준」은 오늘날 소송을 제외한 소비자와 사업자 간 합의나 분쟁조정에 있어서 기본적인 판단기준으로 두루 활용되고 있다. 하지만 「소비자분쟁해결기준」이 절대적 효력이나 강제성이 있는 것은 아니며, 소비자와 사업자 간 분쟁해결방법에 대한 별도의 의사표시가 없는 경우에 한하여 적용이 가능하다. 예를 들어 별도의 피해보상규정이나 약관에 근거하여 제품이나 서비스의 거래가 이루어졌다면, 그에 명시된 규정이 「소비자분쟁해결기준」에 우선하여 적용된다. 다른 법령에 의한 분쟁해결기준이 「소비자분쟁해결기준」보다 소비자에게 유리한 경우에는 그 분쟁해결기준을 우선하여 적용할 수 있고, 동일한 피해에 대하여 적용가능한 분쟁해결기준이 두 가지 이상 있는 경우에는 소비자가 선택하는 기준을 적용할 수 있다.

2020년 현재 「품목별 소비자분쟁해결기준」에는 총 62개 업종, 670여 품목이 포함되어 있으며, 각 품목별로 교환이나 환급, 수리의 조건, 품질보증기간이나 부품보유기간, 위약금 산정 등에 대한 구체적 규정을 두고 있다. 「품목별 소비자분쟁해결기준」은 새로운 소비품목의 등장과 소비트렌드를 반영하여 주기적으로 개정하고 있는데, 최근에는 스마트기기에 대한 분쟁이 증가함에 따라 스마트폰과 노트북, 태블릿 등에 대한 기준이 개정되었다.

사소통이 이루어질 수 있도록 지원하기도 한다. 이를 통해 소비자들은 부족하였던 지식과 정보를 얻고, 더 나은 위치에서 합의를 시도할 수 있다. 사업자와 소비자 간 문제인식이나 기대치에 현저한 차이가 있는 경우, 제3자의 개입은 사업자에게도 도움이 된다. 소비자피해는 이를 정의하거나 측정함에 있어 객관적 기준이 없는 경우가 많고, 피해규모를 추정함에 있어서도 주관적일 수밖에 없다. 그러므로 경우에 따라서는 소비자들이 사업자가 납득하기 어려운 요구를 하는 사례가 발생하기도 한다. 이러한 경우 제3자가 법규정이나 선례, 「소비자분쟁해결기준」 등에 근거하여 양 당사자에게 객관적이고 공정한 합의안을 권유함으로써 사업자는 보다 수월하게 합의에 도달할 수 있다. 실제로 소비자상담기관에 접수된 상담 중 대부분은 분쟁조정이나 소송에 이르지 않고, 정보제공이나 의견조율을 통해 합의에 도달하는 것으로 나타난다.

03 | 대안적 분쟁조정(Alternative Dispute Resolution, ADR)

사업자와 합의에 도달하지 못한 소비자들이 피해구제를 받기 위해 선택할 수 있는 방법에는 대안적 분쟁조정과 소송이 있다. 이 같은 상황에서 대안적 분쟁조정이 소송에 비해 소비자들에게 유리한 측면이 있음은 앞서 언급한 바 있다. 현재 우리나라에는 소비자피해구제와 관련하여 다양한 대안적 분쟁조정제도를 두고 있는데, 소비자문제 전반을 다루기 위한 분쟁조정과 특정 분야의 소비자문제를 전문적으로 다루기 위한 분쟁조정으로 나누어진다.

우선 소비자문제 전반을 다루는 분쟁조정으로는 「소비자기본법」에 근거한 소비자분쟁조정위원회와 자율분쟁조정위원회가 있다. 특정 분야의 소비자문제를 다루는 분쟁조정은 개별법에 근거하여 이루어지는데, 특히 피해구제에 전문적인 지식과 경험이 필요한 금융이나 의료 등의 분야에서 그 실효성이 높다. 분쟁조정의 결과는 재판상 화해의 효력을 가지는 경우가 많지만, 일부 분쟁조정의 경우 민법상 화해의 효력을 가지기도 한다.

1) 「소비자기본법」상 분쟁조정제도

「소비자기본법」에서 정하고 있는 분쟁조정제도는 자율분쟁조정과 소비자분쟁조정의 두 가지 형태가 있다. 자율분쟁조정은 공공기관이 아닌 사업자단체나 소비단체 등에서 운영하는 민간형 ADR의 대표적 사례로, 공정거래위원회에 등록한 소비자단체의 협의체가 분쟁의 당사자나 소비자단체 등의 신청에 따라 자율적으로 실시한다. 소비자피해 전반을 다루지만, 대체로 비대면거래 등 특수판매 분야의 소비자피해에 특화되어 운영되는 경향이 있다. 다른 법률규정에 따라 별도의 분쟁조정기구가 설치된 전문분야에 대해서는 자율분쟁조정을 할 수 없다. 분쟁조정이 성립하는 경우, 민법상 화해의 효력을 가지게 된다.

반면 소비자분쟁조정은 행정기관이나 공공기관 산하에 설치된 조정위원회에서 이

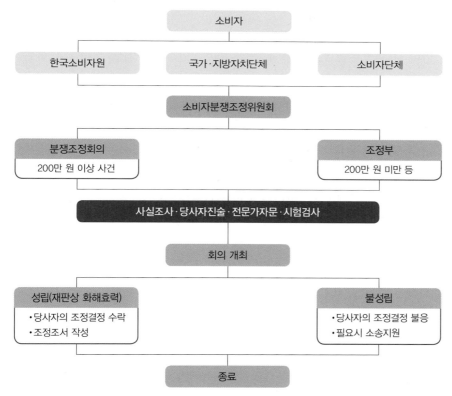

자료: 소비자분쟁조정위원회(2019). 2018 물품 분쟁조정사례집. 한국소비자원

그림 **15-2** 소비자분쟁조정의 절차

루어지는 행정형 ADR에 속한다. 소비자분쟁조정은 한국소비자원, 국가나 지방자치단체, 소비자단체 등에서 합의가 이루어지지 않은 분쟁에 대해, 양 당사자나 국가, 지방자치단체, 소비자단체의 장 등이 신청할 수 있다. 모든 분야의 소비자피해에 대해 조정을 신청할 수 있으나, 전문성이 요구되는 분야의 분쟁조정기구에 이미 피해구제 신청이 이루어진 사안을 중복하여 신청할 수는 없다. 신청을 받은 경우 바로 분쟁조정절차를 개시하고, 특별한 사정이 없는 한 30일 이내에 분쟁조정을 마치도록 하고 있다. 분쟁조정 결과에 대해서는 소비자와 사업자 모두 수락여부를 결정할 권한이 있으며, 어느 한쪽이라도 결과를 수락하지 않으면 조정은 성립하지 않는다. 양 측이 모두 결과를 수락하여 조정이 성립되면, 분쟁조정의 내용은 재판상 화해와 동일한 효력을 가진다. 조정절차가 진행 중에 있더라도 사업자나 소비자 일방은 소송을 제기할 수 있는데, 이 경우 분쟁조정 절차는 자동으로 중지된다.

한편 「소비자기본법」에서는 다수의 소비자에게 같거나 유사한 피해가 발생한 경우, 대표당사자를 선임하여 일괄적으로 분쟁조정을 할 수 있는 집단분쟁조정제도를 두고 있다. 기본적으로 소비자분쟁조정은 개별적인 피해구제를 목적으로 하는 것이지만, 같거나 유사한 피해가 다수에게 발생하는 경우 일괄하여 처리하는 것이 절차중복에 따른 비효율과 조정결과의 불일치 등을 방지하는데 효과적이다. 집단분쟁조정은 같거나 유사한 피해가 발생한 소비자 가운데, 아직 사업자와 합의하지 못하였거나 다른 분쟁조정이나 소송을 제기하지 않은 소비자가 50인 이상일 때 신청할 수 있다. 신청권자는 소비자와 사업자, 국가 및 지방자치단체, 한국소비자원, 소비자단체이다. 집단분쟁조정이 신청되면 분쟁조정위원회는 집단분쟁조정 개시를 14일간 공고함으로써 소비자들에게 추가적 참여기회를 주어야 하며, 특별한 사정이 없는 한 공고 종료일로부터 30일 이내에 분쟁조정을 마쳐야 한다. 집단분쟁조정의 효력은 일반적 소비자분쟁조정의 효력과 동일하다. 즉, 조정결과를 양측이 모두 수락하면 재판상 화해의 효력이 있고, 한쪽이라도 수락하지 않으면 조정은 성립하지 않는다. 집단분쟁조정의 효력은 분쟁조정에 참여한 소비자에게 한정된다. 다만 사업자가 조정안을 수락한 경우, 조정위원회는 집단분쟁조정에 참여하지 않은 소비자 가운데 유사한 피해를 입은 소비자에 대한 보상계획서를 작성하여 제출하도록 권고할 수 있으나 강제성은 없다.

재판상 화해와 민법상 화해

　　소비자와 사업자 간 대안적 분쟁조정이 성립하는 경우, 그 효력은 분쟁조정위원회마다 차이가 있다. 재판상 화해의 효력을 가지는 경우가 많지만, 일부 분쟁조정의 경우 민법상 화해의 효력을 가지기도 한다. 예를 들어 「금융위원회법」에 근거한 금융분쟁조정위원회의 조정결과는 재판상 화해의 효력을 가지지만, 「자본시장법」에 근거한 자율분쟁조정의 경우 민법상 화해의 효력을 가지게 된다. 그렇다면 재판상 화해와 민법상 화해의 차이는 무엇일까?

　　양자 간 가장 큰 차이는 재판상 화해는 「민사소송법」에 근거하여 이루어지는 소송행위이지만, 민법상 화해는 「민법」에 근거하여 이루어지는 사법(私法)행위라는 점이다. 따라서 재판상 화해의 결과는 확정판결과 같은 효력을 가지며, 다른 소송에 의해 취소되는 등의 경우가 아니라면 이를 무효라고 주장할 수 없다. 반면 민법상 화해는 당사자가 서로 양보하여 분쟁을 끝내기로 약정하는 것으로, 확정판결의 효력을 가지지 않는다. 또한 「민법」 일반원칙에 따라 강행법규에 위반되거나 반사회적인 경우 등에는 무효가 될 수 있다.

　　재판상 화해의 경우 확정판결과 동일한 효력이 인정되므로, 상대방이 이를 이행하지 않으면 화해조서를 근거로 별도의 절차없이 강제집행을 할 수 있다. 반면 민법상 화해는 확정판결과 같은 효력이 없으므로 상대방이 이를 이행하지 않는 경우, 별도의 소를 제기해 집행권원을 얻어야만 강제집행이 가능하다.

　　소비자피해와 관련된 분쟁조정의 궁극적인 목적은 사업자로부터 피해보상을 받는 것이다. 분쟁조정이 성립하였음에도 불구하고 사업자가 피해보상을 미루는 경우가 종종 있음을 고려할 때, 조정결과를 근거로 강제집행이 가능한 재판상 화해가 소비자의 입장에서는 훨씬 유리하다고 볼 수 있다.

2) 전문분야별 분쟁조정

　　오늘날 소비자들이 구매하는 제품이나 서비스가 복잡하고 전문화되면서 분쟁조정에 전문적 지식이나 기술이 필요한 사례가 계속 늘어나고 있다. 이 같은 상황을 반영하여 분쟁조정 또한 점차 전문화되는 추세로, 특정 분야만을 전문적으로 처리하는 다양한 분쟁조정기구가 설립되어 있다. 전문분야별 분쟁조정은 대체로 개별법에 그 근거를 두어 운영되고 있는데, 「소비자기본법」에서 정한 분쟁조정과는 상호보완적 관계에 있다고 볼 수 있다. 「소비자기본법」상 자율분쟁조정위원회는 전문분야 분쟁조정의 영역에 속하는 사안은 다루지 않고, 소비자분쟁조정위원회 역시 전문분야별 분쟁조정위원회에 먼저 신청이 이루어진 사건은 중복하여 처리하지 않는다. 여기에서는 소비자들과 밀접한 관련이 있는 금융, 의료, 전자거래, 그리고 개인정보 분

L사 의류건조기 집단분쟁조정 사례

이 사건은 2019년 7월, L사의 의류건조기를 구매한 247명의 소비자들이 자동세척 기능 불량 등을 이유로 구입대금의 환급을 요구한 집단분쟁조정에 대해, 위원회가 소비자들에게 위자료 10만 원을 지급할 것을 결정한 사건이다. 이 사건은 L사가 광고에서 의류건조기의 콘덴서 자동세척이 조건 없이 이루어지는 것으로 표현한 것에서 시작되었다. 그러나 광고와 다르게 실제로는 일정 조건에서만 자동세척이 이루어져 콘덴서에 먼지가 쌓이는 현상이 나타났고, 소비자들은 기능상 결함을 주장하였다. 이에 대해 L사 측은 "먼지 쌓임 현상은 건조기 자체 성능에 영향을 미치지 않으므로 건조기의 하자로 판단할 근거가 없고, 관련 기능에 대해 사실과 부합하게 광고했다"고 주장하였다.

이 주장에 대해 소비자분쟁조정위원회는 L사가 자동세척 기능에 대해 광고한 내용은 신청인들에게 품질보증을 약속한 것으로 보아야 하는데, 실제 기능이 광고내용과 차이가 있으므로 이에 대해 책임이 있다고 보았다. 하지만 L사가 해당 기능에 대해 10년 동안 무상보증을 실시하기로 발표하였고, 무상수리를 이행하고 있으므로 품질보증책임을 이행한 것으로 판단하였다. 다만 소비자들이 광고의 내용을 신뢰함으로써 선택권이 제한되었을 여지가 있고, 수리로 인한 불편함 등을 인정하여 위자료 10만 원씩을 지급하라고 결정하였다.

이 같은 조정결정을 두고 소비자와 사업자 양측 모두 반발하였다. 사업자 측은 위자료 지급은 거부하고, 대신 자발적인 무상리콜을 실시하겠다고 밝혔다. 소비자 측은 근본적인 해결방안은 환급이라면서, 환급이 이루어지지 않는다면 후속 조치를 진행할 것이라는 입장을 보였다. 당연히 조정은 성립되지 못하였고, 소비자 324명은 2020년 1월 L사를 상대로 1인당 100만 원의 손해배상 소송을 제기하였다. 소비자들은 제품의 결함으로 재산적·정신적 손해를 입었다고 주장하였으며, 결함판정 또는 신체상 손해가 입증되는 경우 청구금액을 증액할 예정이라고 밝혔다. 이와 별도로 소비자 560명은 공정거래위원회에 L사 의류건조기 광고가 과장되었다며, 위법여부에 대한 조사를 요청하였다.

그렇다면 소비자와 사업자 양측은 왜 조정결정을 받아들이지 않았을까? 먼저 사업자의 입장을 생각해보면 당시 분쟁조정을 신청한 소비자는 비록 247명이지만, 해당 제품은 145만대가량 판매되었다. 따라서 1인당 10만 원의 위자료 결정을 수용하게 되면, 잠재적으로 1천450억 원의 위자료 지급을 예상해야 한다. 이미 무상수리 조치를 실시하겠다고 발표한 상황에서 해당 금액은 기업에 상당한 부담이 될 수 있다. 소비자의 입장도 마찬가지다. 소비자들은 결함이 지속되는 제품을 더는 사용할 의사가 없어 환급을 요청한 것인데, 위자료 지급결정은 터무니없게 느껴질 수 있다. 실제로 해당 의류건조기가 100~150만 원에 판매되는 고가의 가전제품임을 고려하면 10만 원의 위자료를 받고 조정을 수락하기는 어려웠을 것이다.

분쟁조정은 양측의 입장을 최대한 조율하여 적절한 타협안을 제시하는 것을 지향한다. 분쟁의 양 당사자 모두가 조정결정을 거부할 권한이 있는 상태에서 어느 한쪽의 입장만 지나치게 반영한다면, 조정이 성립하지 않을 것은 너무나도 당연하기 때문이다. 하지만 이 같은 분쟁조정의 속성이 때로는 본 사건과 같이 양측 모두에게 환영받지 못하는 애매한 결정으로 이어지기도 한다. 소비자들은 결국 쉽지 않은 소송의 길을 택하였고, 향후 이 사건이 어떻게 진행될지 지켜보아야 할 것이다.

자료: 한국소비자원 2019.11.19. 보도자료. 소비자분쟁조정위원회, LG전자(주) 의류건조기 집단분쟁 "위자료 10만 원 지급" 결정

야의 분쟁조정위원회에 대해 보다 자세히 살펴보기로 한다.

　최근 금융상품이 복잡하고 다양해지면서, 불완전판매, 과대광고, 금융사기와 투자손실 등에 따른 분쟁도 함께 증가하고 있다. 금융상품과 관련된 분쟁은 일반적인 소비자피해와는 달리 피해금액이 큰 경우가 많고, 금융상품의 구조를 정확히 이해하는 것이 어려우므로 분쟁조정 또한 관련 분야에 대한 전문성을 요한다. 금융분쟁이 발생한 경우에 소비자분쟁조정위원회를 제외하고 소비자들이 가장 많이 이용하는 기구는 「금융위원회법」에 근거하여 금융감독원에 설치된 금융분쟁조정위원회이다. 금융분쟁조정위원회는 행정형 ADR에 속하며, 금융감독원의 감독하에 있는 금융기관에서 발생하는 분쟁의 조정을 담당한다. 그러므로 금융감독원의 감독대상이 아닌 각종 공제나 우체국보험 등은 조정대상에서 제외된다. 조정은 소비자와 금융기관, 그 밖에 이해관계인이 금융과 관련하여 발생한 분쟁에 대해 신청할 수 있다. 분쟁조정이 신청되면 위원회는 서류검토 및 사실조사, 관련자의 출석 등의 방법으로 사건을 조사하여 조정안을 작성하게 된다. 분쟁의 양 당사자는 조정결정의 수락여부를 자유롭게 결정할 수 있으며, 양 당사자가 그 조정안을 수락하면 재판상의 화해와 동일한 효력이 인정된다. 현행 금융분쟁조정제도는 소비자분쟁조정과 마찬가지로 양 당사자가 조정진행 중에도 소송을 제기할 수 있으며, 이 경우 조정절차는 중지된다. 하지만 이 같은 규정이 사업자가 분쟁조정에서 불리한 결과가 예상될 때, 소송을 제기함으로써 조정절차를 회피하는 수단으로 이용된다고 지적되어 왔다. 이에 2020년 제정된 「금융소비자보호법」에서는 분쟁조정이 종료되지 않은 사건에 대해 소송이 진행 중인 경우 법원은 조정이 있을 때까지 소송절차를 중지할 수 있도록 하는 소송중지제도를 도입하였다. 또한 2천만 원 이하 소액분쟁에 대해서는 조정이탈금지제도를 도입함으로써, 분쟁조정 절차가 완료될 때까지 사업자가 소송을 제기하지 못하도록 하였다.

　사업자와 소비자 간 정보비대칭이 가장 극심한 분야로 알려진 의료서비스 역시 별도의 분쟁조정기구를 두고 있다. 최근 의료서비스 이용이 확대되면서 의료서비스 관련 분쟁은 꾸준히 증가하고 있으며, 그 내용도 점점 복잡해지고 있다. 의료서비스와 관련된 소비자피해는 돌이킬 수 없는 손해인 경우가 많고, 그에 따라 분쟁금액도 상당히 큰 것이 특징이다. 하지만 관련 정보가 의료인 측에 편중된 상태에서, 소비자가 소송에서 피해사실과 의사의 과실을 입증하는 것은 거의 불가능에 가까운 일이었다. 이 같은 문제를 보완하기 위하여 정부는 「의료분쟁조정법」을 제정함으로써

DLF 사태에 대한 금융분쟁조정위원회의 조정결정

이 사건은 시중 유명은행 두 곳에서 판매되고 있던 DLF 상품이 2019년 대규모의 투자손실을 일으키면서 시작되었다. 해당 상품에 가입했던 소비자들은 많게는 60%가 넘는 원금손실을 입었고, 은행과 금융 당국 모두 비상이 걸렸다. DLF(Derivative Linked Fund)는 파생결합펀드라고 불리는 금융상품인데, 주가나 금리 등 실물자산의 변화에 따라 수익률이 달라지는 상품이다. 당시 판매되었던 상품들은 독일채권 또는 영국·미국 CMS 금리와 연동되어 운영되었는데, 해당 금리가 지정한 범위 내에서 유지되면 3~4%의 수익률을 얻을 수 있지만, 일정수준 아래로 떨어지면 원금 전체를 잃을 수 있는 초고위험 펀드였다. 그러나 시중 은행 두 곳에서는 이 같은 상품을 안전한 상품으로 속여서, 적절하지 않은 소비자들에게 판매하였던 것으로 밝혀졌다. 당시 펀드에 가입한 소비자들의 상당수는 원금손실 위험이 없는 안전상품으로 소개받았거나, 예금의 대체상품으로 알고 가입한 것으로 나타났다. 해당 은행들은 투자경험이 없는 소비자들을 고위험 펀드에 가입시키기 위해 투자성향분석 설문지까지 조작한 것으로 드러나, 은행의 부실한 내부통제시스템과 과도한 수익추구 행태에 대한 비판이 이어졌다.

이날 조정결정이 이루어진 6건의 사례에 대해 조정위원회는 모두 명백한 불완전판매가 있었다고 판단하였다. 배상비율은 불완전판매에 대해 30%, 은행의 내부통제 부실 책임 20%, 초고위험상품 특성 5%로 보아, 기본 배상비율을 55%로 설정한 후 투자자의 특성을 고려하여 배상비율을 가감하였다. 이때 투자경험이 없고 난청인 79세 치매환자에게는 35%를 가산하여 총 80%의 손해배상 비율이 책정되었다. 반면 은행직원에게 자산관리를 일임하거나, 투자경험이 다수 있었던 소비자들은 배상비율을 15% 차감하여 40%로 최종결정하였다.

A 은 행	① 투자경험 없고 난청인 고령(79세)의 치매환자 ➜ 80% 배상
	② 투자경험 없는 60대 주부에게 '손실확률 0%' 강조 ➜75% 배상
	③ 손실배수 등 위험성 설명없이 안전성만 강조 ➜ 40% 배상
B 은 행	① 예금상품 요청 고객에게 기초자산(英·美CMS)을 잘못 설명 ➜ 65% 배상
	② CMS(기초자산)를 잘못 이해한 것을 알고도 설명없이 판매 ➜ 55% 배상
	③ '투자손실 감내 수준' 확인없이 초고위험상품 권유 ➜ 40% 배상

문제가 된 은행 두 곳은 조정결정이 나자마자 이를 전적으로 수용할 뜻을 밝혔다. 반면 6명의 소비자들은 조정결과에 불만족을 보이며, 수락여부에 대해 상당히 고심한 것으로 전해진다. 결론적으로 소비자 6명은 모두 결과를 수락하였고, 조정은 성립하였다. 이날의 결정을 두고 해당 상품은 애당초 설계부터가 잘못된 상품으로 전액 손실보상을 해주었어야 했다는 의견과 영업지점에서 발생한 불완전판매 행위에 대해 은행 본점의 내부통제 책임을 인정한 것은 의미가 있다는 등 다양한 의견이 제시되었다. 해당 조정결과를 바탕으로 은행들은 다른 피해자들과 자율합의를 시작하였으며, 아직 대응방향을 결정하지 못한 다수의 피해자들은 소송과 분쟁조정, 자율합의를 두고 숙고 중에 있다.

자료: 금융감독원 2019. 12. 5. 보도자료. 금융분쟁조정위원회, DLF 투자손실 40~80% 배상 결정

의료분쟁조정중재원을 설립하고, 그 내부에 의료분쟁조정위원회를 설치하였다. 이에 의료사고 발생 시 소비자는 중재나 분쟁조정을 신청할 수 있다. 의료사고의 경우 피해당사자가 사망하거나 거동이 불편한 경우가 존재하므로, 당사자의 법정대리인이나 배우자 등 가족도 신청권자가 될 수 있도록 한 것이 특징이다. 중재나 분쟁조정 신청 시, 소비자는 진료기록 등 자료만 제출하면 전문가로 구성된 감정부에서 의학적 검토를 담당하므로 의사의 과실 등을 입증해야 하는 부담에서 벗어날 수 있다. 당사자 양측이 조정결정에 동의하면 조정은 성립하며, 조정성립시 재판상 화해와 동일한 효력이 있다.

정보통신기술의 발달로 확대되고 있는 전자상거래 분야에서도 별도의 분쟁조정기구가 마련되어 있다. 전자상거래의 발달은 기업이나 소비자 모두에게 엄청난 편익을 제공하고 있으나, 그로 인한 분쟁 또한 급속도로 증가하고 있다. 전자상거래 관련 분쟁은 전통적인 거래방식과 큰 차이가 있는데, 불특정다수와 비대면거래가 이루어지고 소액다수의 분쟁이 빈번하게 발생한다. 또한 기술과 관련한 분쟁이 발생할 수 있고, 분쟁발생 지역에 제한이 없다는 것도 문제해결을 어렵게 만든다. 이러한 이유로 「전자거래기본법」에서는 전자상거래에 특화된 전자문서·전자거래분쟁조정위원회를 설치하여 운영하고 있다. 해당 위원회에서는 전자문서의 생성, 유통, 보관 등에서 발생하는 분쟁과 전자거래에서 발생한 배송, 계약, 상품정보 오기, 반품 및 환불 등에 대한 모든 분쟁을 다룬다. 인터넷쇼핑몰 등 통신판매업자, 오픈마켓 등 통신판매중개자, SNS나 인터넷카페 등에서 일어나는 분쟁을 모두 포함한다. 거래방식을 기준으로 조정대상을 정의하므로 소비자와 사업자, 사업자와 사업자, 개인 간 거래 모두 신청이 가능하다. 다른 분쟁조정과 마찬가지로 양 당사자가 동의하면 조정이 성립하고, 성립된 조정결과는 재판상 화해와 동일한 효력을 가진다.

정보통신의 발달로 개인정보 관련 분쟁 또한 급속도로 증가하고 있다. 사이버상에서 이루어지는 모든 행위나 거래는 잠재적으로 개인정보 관련 문제가 발생할 소지를 안고 있다. 개인정보 관련 소비자피해는 매우 다양한 형태로 나타날 수 있는데, 본래의 목적과 다르게 이용된 개인정보로 인해 원치 않는 광고 전화나 이메일을 수령하는 것이 가장 흔한 사례일 것이다. 하지만 불법적인 방법으로 유출된 개인정보로 인해 금융계좌에서 예금이 인출되거나, 명의도용을 당하는 등 심각한 피해로 이어지는 경우도 적지 않다. 최근 불법적인 해킹 등으로 대량의 개인정보가 유출된 사건이 반복적으로 발생하면서, 이에 대한 소비자들의 불안은 더욱 커지고 있다. 이에

「개인정보보호법」에서는 개인정보와 관련된 분쟁을 신속하고 원활하게 해결할 수 있도록 별도의 개인정보분쟁조정위원회를 두고 있다. 개인정보 관련 분쟁의 조정을 원하는 자는 누구나 조정을 신청할 수 있으며, 유사한 피해가 다수에게 발생한 경우에는 집단분쟁조정을 신청할 수 있다. 마찬가지로 양 당사자가 동의하면 조정이 성립하고, 성립된 조정결과는 재판상 화해와 동일한 효력을 가진다.

04 | 소송에 의한 해결

법원을 통한 소송은 소비자가 선택할 수 있는 피해구제의 마지막 수단이다. 소송은 많은 시간과 비용, 엄격한 입증책임을 요하는 과정이므로, 소비자문제가 소송으로 진행되는 경우는 많지 않다. 그러나 금융이나 부동산, 의료사고 등과 같이 피해 금액이 크거나, 소비자의 안전이나 생명과 직접 관련된 문제의 경우에는 소송이 이루어지는 사례가 상당수 존재한다. 소비자피해와 관련된 소송은 대체로 민사사건으로 보아 「민사소송법」에 근거하여 절차가 진행되지만, 사기 등 범죄의 소지가 있다고 판단되면 형사고소나 고발이 이루어지기도 한다. 소송은 소비자가 「민사소송법」에 근거하여 사업자를 상대로 개별적으로 손해배상청구의 소를 제기하는 것이 기본이다. 하지만 소비자들의 소송부담을 덜 수 있는 몇 가지 제도가 마련되어 있다.

우선 다수의 소비자에게 동일한 피해가 발생한 경우, 공동소송제도나 선정당사자 소송제도를 이용할 수 있다. 공동소송이란 하나의 소송에서 원고나 피고의 어느 한 쪽이나 양쪽의 당사자가 두 명 이상인 소송의 형태를 말한다. 공동소송은 당사자가 여럿인 소송을 병합하여 처리함으로써 소송에 드는 자원과 노력을 아낄 수 있다. 선정당사자소송이란 공동의 이해관계를 가진 다수가 소송을 원하는 경우, 대표자를 선정하여 소송을 진행하도록 하고 그 판결의 효력을 소송참가자가 공유하는 제도이다. 공동소송과 마찬가지로 소송에 필요한 자원을 절약하기 위한 취지에서 이루어진다. 현재 소비자피해에 대해 집단소송(class action)을 인정하지 않는 우리나라에서 다수의 동일한 소비자피해가 발생한 경우, 대부분 공동소송 혹은 선정당사 자소송의 형태로 소송이 진행된다.

다음으로 분쟁금액이 3천만 원 이하인 사건의 경우, 「소액사건심판법」에 근거하여 일반적인 민사소송에 비해 간편하게 소송진행이 가능한 소액사건심판제도를 이용할 수 있는데, 이는 소액의 피해가 주로 발생하는 소비자피해구제에 유용하게 활용 가능하다. 소액사건심판제도의 최대 장점은 간소한 절차와 저렴한 비용, 그리고 신속한 재판 진행에 있다. 소액사건이 제소되면 법원은 피고에게 원고의 청구를 이행할 것을 권고할 수 있고, 상대방이 이의신청을 하면 변론기일을 정해 소액사건심판절차가 진행된다. 상대방이 이행권고에 대해 이의를 제기하지 않거나, 이의신청을 하더라도 법원이 이를 각하하면 원고의 청구는 확정된다. 소액사건심판절차가 진행되더라도 신속한 처리를 위해 변론은 보통 1회만 진행되며, 변론이 끝나면 바로 판결을 선고할 수 있다. 소액사건심판절차는 보통 2~3개월이면 완료되는데, 일반 민사소송이 최소 6개월에서 길게는 수년이 걸리는 것과 비교하면 상당히 빨리 절차가 진행된다. 소액사건심판 또한 민사소송의 일종이므로 결과는 확정판결의 효력을 가지며, 이를 근거로 강제집행이 가능하다.

참고사례

의료분쟁의 해결은 얼마나 어려울까?

소송을 통해 소비자피해를 구제받는 것은 분야를 막론하고 상당히 어려운 일이지만, 그 중에서도 가장 해결이 어려운 분야는 아마 의료사고 관련 소송일 것이다. 최근 통계를 보면 매년 접수되는 의료사고 관련 민사소송은 약 950건가량인데, 이 가운데 원고가 승소한 판결은 약 1% 안팎으로 매우 낮다. 원고가 일부승소한 판결은 30%가량, 소송 과정에서 조정이나 화해로 종결되는 비율은 25% 가량이다.

그렇다면 이 같은 의료소송의 어려움을 보완하기 위해 설립된 한국의료분쟁조정중재원은 소비자들의 의료분쟁을 해결하는데 얼마나 도움이 되고 있을까? 조정중재원에 매년 접수되는 사건의 수는 지속적으로 증가하고 있는데, 2015년 753건에 비해 2019년은 1,636건으로 두 배 이상 증가하였다. 의료소송건수와 비교해 보면, 2016년까지는 소송건수가 조정중재원 의뢰건수보다 많았으나, 2017년부터는 조정중재원 의뢰건수가 훨씬 많아지고 있다.

2015년부터 2019년까지 조정중재원에 접수된 총 5,971건의 분쟁 중 절반가량은 합의로 마무리되었다. 약 1천 건에 대해서는 조정절차가 이루어졌는데, 이 가운데 절반가량이 양측의 동의로 조정이 성립하였다. 그 외 조정신청의 내용이 이유 없거나 사건의 성격이 조정을 하기에 적절하지 않은 이유 등으로 부조정결정이 내려진 경우도 874건으로 상당히 많았다.

흥미로운 사실은 조정중재원에 접수된 사건 수가 증가하여도 소송건수가 감소하지는 않았다는 점이다. 이 같은 현상은 조정중재원의 분쟁조정이 소송을 대체하는 용도라기보다는, 소송에 대한 부담으로 의료사고에 대처하지 못하였던 소비자들에게 피해구제를 받을 기회를 넓혀준 것으로 해석할 수 있다. 이는 소송에 이르지 않고 분쟁을 해결함으로써, 소비자들이 피해구제를 포기하지 않도록 만드는 대안적 분쟁해결 제도의 취지가 잘 반영된 결과로 볼 수 있다.

자료: 한국의료분쟁조정중재원(2020), 2019년도 의료분쟁 조정·중재 통계연보

이 집단소송이 그 집단소송이 아니라고요!?

　우리는 언론을 통해 어떠한 사건에 대해 소비자들이 집단소송을 제기하였다는 소식을 자주 접하게 된다. 그런데 우리나라 현행법에서는 일반적인 소비자피해에 대해 집단소송을 허용하고 있지 않다. 어떻게 된 것일까? 언론에서 이야기하는 집단소송은 본래적 의미에서의 집단소송이 아니라 대부분 「민사소송법」상 공동소송이나 선정당사자소송을 지칭한다. 즉, 여러 명의 소비자가 모여서 소송을 제기하였다는 의미에서 편의상 집단소송이라고 칭한 것일 뿐, 엄밀한 의미에서 이는 집단소송이 아니다. 그렇다면 본래적 의미에서의 집단소송은 무엇이며, 이는 공동소송 혹은 선정당사자소송과 어떠한 차이가 있는가?

　집단소송(class action)은 영미법계에서 발전해 온 소송의 한 형태이다. 여기에서 집단(class)은 일정한 모임이나 조직을 의미하는 것이 아니라, 공통의 이해관계를 가진 구체적으로 특정되지 않은 다수의 개인을 의미한다. 소비자 관련 소송에 한정해서 보자면, 대체로 이 집단은 특정 조건하에서 해당 제품이나 서비스를 구매한 모든 소비자가 된다. 그러므로 집단소송을 제기한다는 의미는 이들 모두를 대표하여 소송을 하겠다는 의미이고, 대표자가 승소하면 소송결과와 그에 따른 이익을 집단의 구성원 모두가 공유하게 된다. 집단소송으로 이익을 받는 자들은 자신이 입은 피해에 대해 개별적으로 증명할 필요가 없고, 단지 자신이 그 집단에 속한다는 것만 증명하면 된다. 대체로 해당 조건하에서 그 제품이나 서비스를 이용하였다는 사실을 증명하면 그 이익을 공유할 수 있다.

　그런데 문제는 승소한 결과뿐 아니라 패소한 결과도 모든 집단구성원에게 효력을 미친다는 사실이다. 이는 개인적으로 소송에 참여하지 않은 경우에도, 심지어 소송에 대해 전혀 인지하지 못한 경우에도 마찬가지이다. 따라서 해당 피해사실에 대해 소비자가 개별적으로 소송하기를 원하더라도 다시 소송을 제기할 수 없는 문제가 발생한다. 물론 집단소송 시 개인은 opt-out을 통해 소송에 불참할 수 있으나, 실제로는 해당 사건에 대해 집단소송이 진행된다는 사실조차 모르는 소비자가 대부분이다. 이처럼 소비자들에게 유리할 것 같은 opt-out 방식이 실제로는 소비자의 선택권을 제약하는 방향으로 작용할 수 있다.

　개념적인 측면에서 보자면, 우리나라의 공동소송 혹은 선정당사자소송과 집단소송의 가장 큰 차이는 아마도 opt-in 방식을 택하느냐 opt-out 방식을 택하느냐의 문제일 것이다. 공동소송 혹은 선정당사자소송의 경우, 소송에 참여한 사람만에게만 재판의 효력이 미친다. 바꾸어 말하면, 소송의 결과를 공유하고 싶으면 소송에 참여를 해야 한다. Opt-in 방식이다. 이는 소비자분쟁조정의 특례로서 규정된 집단분쟁조정의 경우에도 마찬가지이다. 물론 소송이나 분쟁조정의 결과가 이후 이루어질 재판이나 분쟁조정에 선행사례로서 참고가 될 수는 있겠으나, 그 이상의 의미는 가지지 못한다.

　우리나라에서도 개별적 소송으로 실익을 얻기 어려운 소비자들의 효율적 피해구제를 위해서는 집단소송(class action)을 도입해야 한다는 주장이 지속적으로 제기되어 왔다. 반면 집단소송으로 발생하는 부작용이 상당하며, 우리나라의 현실에 적합하지 많은 소송형태라는 의견도 다수 제기되고 있다. 양측의 주장 모두 타당한 면이 있으므로, 집단소송의 효용과 부작용에 대한 다각적 검토를 통해 국내 도입여부를 신중히 결정할 필요가 있을 것이다.

의료사고로 인한 추가적 치료비용은 누구의 책임인가?

의료사고를 당한 소비자들은 문제해결과정에서 여러 가지 어려움을 겪게 된다. 우선 정보비대칭이 극심한 의료서비스 분야에서 관련 정보를 독점하고 있는 의료진과 병원을 상대로 피해구제를 받아야 할 뿐 아니라, 손해배상을 받는다 하더라도 실질적으로 회복할 수 없는 손해가 대부분이다. 다음으로 사고 수습과정에서 부수적으로 수반되는 금전적, 비금전적 비용 또한 상당하다. 부수적 비용의 대표적인 사례로는 의료사고로 악화된 건강을 회복하기 위해 소요되는 치료비가 있다. 그렇다면 의료사고가 발생하였을 때, 의료진의 손해배상책임과는 별개로 환자의 치료를 위해 발생한 비용은 누가 부담하는 것이 타당한가? 최근에 있었던 판례를 통해 살펴보자.

사건의 시작은 2009년 6월, 박모씨가 S대학병원에서 폐를 절제하는 수술을 받았으나, 수술 직후 폐렴이 발생했고, 이후 사지마비, 신부전증, 뇌병변장애 등을 앓다가 2013년 12월 사망한 사고이다. 이에 대해 박씨의 가족들은 의료진이 폐결절을 폐암으로 오진하여 정확한 검사 없이 수술을 진행하였을뿐 아니라 이후 관리소홀로 사망에 이르게 하였으며, 의사로서 설명의무도 위반했다며 병원을 상대로 손해배상청구 소송을 제기하였다. 이에 대해 법원은 병원의 과실을 일부 인정하여, 1심에서는 병원의 책임을 20%(서울중앙지법 2012가합516667), 2심에서는 30%(서울고법 2013나2030422)로 인정하였고, 항소심의 판결은 그대로 확정되었다.

한편, 병원 또한 박씨의 유족을 상대로 입원 이후 사망할 때까지의 발생한 치료비 9,445만 원을 지불하라며 소송을 제기하였다. 이에 대해 1심과 2심은 병원의 책임을 20%와 30%로 인정한 의료소송 결과를 바탕으로, 병원의 책임 비율을 제외한 치료비를 환자 측이 병원에 지급할 의무가 있다고 하였다. 즉, 1심에서는 치료비의 80%(서울중앙지법 2012가단127145), 2심에서는 치료비의 70%(서울중앙지법 2014나68937)를 환자 측이 부담할 것을 판결하였다. 그러나 대법원의 판단은 달랐다. 대법원에서는 의료사고에 대한 병원의 책임범위가 30%로 제한된다고 하더라도, 병원은 유족에게 나머지 70%에 해당하는 치료비를 청구할 수 없다고 판결하였다(대법원 2015다64551). 해당 판결은 의사의 과실로 환자의 상태가 악화되었고 치료의 내용이 의료사고에 따른 사후관리에 불과하다면, 이는 의사의 손해배상의 일환으로 이루어진 것이므로 의료과실의 책임 비율과 관계없이 병원은 환자에게 치료비를 요구할 수 없다는 취지이다.

이 판례는 의료사고에 대해 의료진의 책임이 일부라도 인정이 된다면, 그에 따른 사후관리의 책임은 전적으로 의료진에게 있음을 의미한다. 일각에서는 이와 같은 판결로 인하여, 객관적으로 퇴원을 해야 할 환자들이 계속 병원에 입원해 있는 등 병원 측의 부담이 과도하게 늘어날 것을 우려하기도 한다. 하지만 소비자의 입장에서 보자면 이는 지극히 타당한 판결일 것이다. 왜냐하면 해당 비용은 의료사고가 없었더라면 애초에 발생하지 않았을 비용으로, 이를 소비자에게 다시 부담토록 하는 것은 논리적으로도 맞지 않기 때문이다. 최근들어 의료사고에서 의료인의 책임을 보다 폭넓게 인정하려는 경향이 있음은 소비자보호의 측면에서 상당히 고무적인 일이다. 다만 일부의 우려와 같이 이를 부정하게 이용하는 사례가 없도록 주의할 필요가 있을 것이다.

아파트 분양계약에서 허위과장광고로 인한 소비자피해의 구제

아파트 분양계약과 관련하여 가장 빈번하게 발생하는 소비자피해는 분양계약 시 사업자가 제공한 정보가 실제 취득한 아파트와 다르다는 것이다. 우리나라의 아파트 분양시장은 대부분 선분양 후시공의 독특한 형태를 가지고 있다. 즉, 소비자는 거래의 목적물인 아파트가 지어지기 전에 사업자와 분양계약을 체결하게 되는데, 이 때 소비자는 실물을 보지 못하고 사업자가 제공한 광고나 정보에 의존하여 구매의사결정을 내리게 된다. 대규모 아파트 분양광고에는 아파트 구조물에 대한 정보와 더불어 학군이나 기반시설, 주변지역의 개발계획에 이르기까지 다양한 내용이 포함되는 것이 일반적이다. 특히 기반시설 등은 아파트 가격을 결정하는 중요한 요인인데, 실제 아파트 취득 시 주변환경이 분양광고와 차이가 있다면 소비자들은 상당한 재산적 피해를 입게 된다. 이 경우 분양광고가 허위였음을 이유로 소비자들이 분양사업자에 대해 손해배상소송을 제기하는 사례가 적지 않다.

우선 2005년부터 5년에 걸쳐 이루어진 소송사례에 대해 살펴보자. 이 사례는 2002년 4월, 경기도 P시에 건축될 1,096세대의 A아파트를 분양하는 과정에서 소비자피해가 발생한 사건이다. 아파트 분양당시 사업자는 아파트단지 주변에 전철역이 신설될 예정으로 홍보하였으나, 실제로는 신설계획이 전혀 수립된 바가 없었다. 이에 A아파트를 분양받은 소비자들은 사업자의 분양광고가 「표시광고법」상 허위과장광고에 해당한다고 주장하면서 사업자를 상대로 손해배상소송을 제기하였다. 이 사건에 대해 1심법원은 원고들의 주장을 받아들여 세대당 위자료 300만 원씩을 지급할 것을 명하였다(서울중앙지법 2005가합107461). 그러나 해당 아파트의 분양가격이 전철역 신설에 따른 프리미엄으로 인해, 객관적으로 측정된 가격보다 10% 높게 책정되었다는 원고들의 주장은 받아들이지 않았다. 이어지는 2심의 판결은 1심과 달랐다. 분양사업자가 P시의 개발계획에 근거하여 전철역 신설예정이라고 표현한 것은 전혀 근거없이 광고한 것이 아니고, 이는 일반 상거래 관행이나 신의칙에 비추어 허용가능한 부분이라고 보았다. 또한 전철역 신설예정이라는 분양광고는 아파트 분양계약 체결여부를 좌우하는 중요한 사항이 아니라고 보아, 원고의 청구를 기각하였다(서울고법 2006나95159). 그러나 대법원 판결에서는 다시 분양광고의 허위과장성을 인정하였다(대법원 2007다59066). 대법원은 사업자가 근거로 한 P시의 개발계획은 추상적 계획에 불과하고 해당 전철역 신설 관련 계획도 아니라고 보았다. 따라서 사업자의 광고는 사실과 다르게 소비자를 속이거나 속이게 할 우려가 있는 허위과장광고에 해당하며, 사업자는 이에 대해 손해배상책임을 진다고 판시하였다.

비슷한 사례를 하나 더 살펴보자. 이 사례는 Y신도시에 건설될 대규모 H아파트 분양과정에서 허위과장된 분양광고로 인해 소비자피해가 발생한 사건이다. 해당 아파트는 2009년 분양을 시작하였는데, 섬에 조성된 Y신도시는 분양당시 거주에 필요한 교통, 문화, 교육 등의 인프라가 전혀 갖추어지지 않은 상태였다. 사업자는 분양과정에서 섬과 육지를 연결하는 다리가 건설될 예정이고, 다양한 기반시설이 들어설 예정임을 홍보하였으나, 경기침체의 영향으로 대부분의 개발계획이 무산되었다. 이에 분양계약을 체결한 소비자들은 2011년, 아파트의 분양광고가 사실과 다름을 이유로 계약의 취소 내지는 해제를 주장하는 소송을 제기하였다. 그러나 1심판결에서는 개발계획 등이 이행되지 않은 것은 사실이나, 계약을 취소할 정도의 사정은 아니라고 보아 계약취소 주장을 받아들이지 않았다(인천지법 2011가합20702). 하지만 해당 분양광고가 「표시광고법」 위반소지가 있음을 인정하여, 사업자에게 분양대금의 12%에 해당하는 금액을 배상할 것을 판결하였다. 이어진 2심에서도 해당 광고의 허위과장성은 인정하나, 계약취소 사유에 해당하지는 않는다고 1심과 동일하게 판결하였다 (서울고법 2013나23763). 하지만 2심에서는 허위과장광고에 따른 손해배상금액을 분양대금의 5%로 대폭 낮추어 판결하였다. 이어진 대법원 판결은 2심의 내용을 그대로 확정하였다(대법원 2014다24327 등).

이상에서 살펴본 아파트 분양과정에서 발생한 소비자피해에 대한 법원의 판결은 소비자 입장에서는 다소 실망스러운 것이 사실이다. 선분양 후시공이 이루어지는 아파트 분양과정에서 소비자는 사업자가 제공하는 정보에 의존하여 의사결정을 할 수밖에 없는데, 이 같은 정보비대칭성을 충분히 고려하지 않은 판결이라고 생각된다. 또한 아파트 주변의 기반시설이나 개발계획 등은 소비자들의 분양계약 체결여부뿐 아니라, 아파트 분양가격 책정에도 중요한 영향을 주는 요인임에도 불구하고 판례에서는 대체로 이를 인정하지 않는 듯하다. 마찬가지로 중요한 개발계획이 무산되거나 기반시설이 제대로 갖추어지지 않음에 따라 발생하는 소비자의 재산상 손실을 상당히 과소평가하여 위자료 내지는 손해배상액을 책정한 면이 있다고 생각되어 아쉬움이 남는다.

토의 과제

1. 소비자피해를 해결하기 위해 노력하였던 자신의 경험을 공유하고, 그 과정에서 겪었던 어려움이나 개선점에 대해 이야기해 봅시다.
2. 전문분야별 분쟁조정 사례를 한 가지 찾아 사건의 개요를 정리하고, 조정결과의 적절성에 대해 논의해 봅시다.

소비자정책

: 이론과 정책설계

PART 6

소비자정책평가

사회가 발전함에 따라 정부가 나서서 해결해야 할 문제들은 더욱 다양해
지고 있으며, 그 해결을 위해 정부는 무수히 많은 정책을 쏟아내고 있다.
소비자정책 또한 예외가 아니다. 이에 정부가 실행한 소비자정책이 의도한
대로 효과를 발휘하고 있는지, 혹은 해당 정책을 계속 시행하는 것이 과연
바람직한지를 확인하는 정책평가의 필요성이 커지고 있다. 평가결과, 정책
이 소비자를 위해 의도한 효과를 보인다고 판단되면 계속 유지되겠지만,
그렇지 못하다면 피드백을 거쳐 내용을 수정하거나 정책을 중단할 수도 있
다. 이렇듯 정책평가는 해당 정책의 효과를 파악하고, 그 값어치를 따져봄
으로써 정책 의사결정자의 합리적 판단을 도와주는 역할을 한다. 제6부에
서는 정책평가의 개요를 알아보고 다양한 정책평가 사례를 살펴봄으로써,
소비자정책평가에 대한 전반적인 이해를 넓이고자 한다.

정책평가 개요

소비자정책의 실행 후 관계자들은 그 정책이 의도하였던 결과를 달성함으로써, 궁극적으로 소비자후생을 향상시키는데 도움이 되었는지 알아보기를 원한다. 이를 통해 지속할 필요성이 있는 정책과 그렇지 못한 정책, 혹은 수정이 필요한 정책을 구분해내고, 적절한 대안을 수립하게 된다. 본 장에서는 정책평가의 의의와 필요성을 살펴보고, 평가설계 시 유의사항에 대해 알아본다.

01 ㅣ 정책평가의 의의와 유형

1) 정책평가의 의의

정책이란 정부가 공공의 목표를 달성하거나 문제를 해결하기 위해 취하는 활동의 방향을 의미한다. 평가란 평가하고자 하는 대상이나 목적물의 가치나 장단점 등을 일정한 기준과 절차에 근거하여 합리적으로 판단하는 과정을 의미한다. 따라서 정책평가란 정부가 실시한 어떠한 정책이나 사업 등에 대해 그 가치를 판단하는 과정으로, 정책집행의 결과가 당초에 기대했던 효과를 어느 정도 달성했는지 분석하여 파악하는 작업이다.

일반적으로 정책평가는 정부의 특정 정책에 따른 결과나 효과를 평가하므로 사후평가를 의미하는 경우가 많다. 그러나 넓은 의미에서의 정책평가는 사후평가 이외에도 정책수립 단계에서 정책의 목표나 실행계획을 평가하는 사전평가나 계획의 진행과정을 평가하는 과정평가를 포함한다.

2) 정책평가의 유형

정책평가의 유형은 정책설계 및 집행 단계에 따라 크게 사전평가, 과정평가 그리고 영향평가로 나눌 수 있다. 첫 번째로 사전평가는 주로 정책대안에 대한 평가가 중심이 되는데, 정책의 목표를 합리적으로 달성하기 위한 최선의 방법이 무엇인가를 평가하게 된다. 사전평가에는 정책의 당위성에 대한 평가, 정책대안을 탐색하고, 각 대안에 따른 결과를 예측하는 작업, 그 결과를 바탕으로 최선의 대안을 결정하는 과정이 모두 포함된다.

두 번째로 과정평가는 투입에서 실행, 성과로 이어지는 일련의 정책집행 과정이 적절하게 이루어지고 있는지를 평가한다. 과정평가에서는 정책을 구성하고 있는 모든 부분이 제 기능을 하고 있는지와 계획된 대로 정책이 집행되고 있는지를 점검함으로써 최선의 성과를 낼 수 있도록 지원한다.

마지막으로 협의의 정책평가라고 할 수 있는 영향평가는 해당 정책의 집행으로 어떠한 효과가 발생하였는지를 평가한다. 영향평가는 효과를 정의하는 방식에 따라 다시 산출평가와 성과평가로 구분할 수 있다. 산출은 계량적으로 측정하기 쉽고 단기간에 나타나는 정책의 결과이다. 예를 들어 소비자교육프로그램의 효과를 평가한다고 할 때, 교육을 받은 인원수나 교육시간 등은 산출에 해당한다. 성과는 좀 더 장기적인 효과를 의미하며, 산출에 비해 계량화하기가 다소 어렵다. 소비자교육프로그램을 통한 소비자지식의 향상은 성과에 해당한다. 일반적으로 정책의 실행과 성과 사이에는 시차가 클 뿐 아니라, 인과관계의 규명에도 많은 어려움이 따르므로 산출평가에 비해 고난도의 정책평가라 할 수 있다. 평가의 결과는 피드백되어 정책집행 과정에 다시 영향을 미치게 된다.

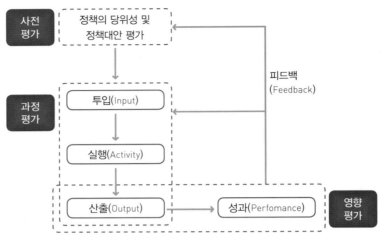

그림 **16-1** 정책평가의 전반적 흐름

02 | 정책평가의 필요성

1) 정책효과의 합리적 추정

정책평가는 정책이 당초에 의도한 효과를 어느 정도나 달성하였는지를 분석하기 위해 필요하다. 즉, 정부가 정책 수요자의 요구에 부응하여 바람직한 일을 하고 있는지를 확인하고 판단하기 위한 자료를 얻는 과정이다. 오늘날 정부가 시행하는 정책은 급변하는 환경하에서 다양한 사람들의 복잡한 이해관계를 토대로 이루어진다. 특히 소비자정책은 단순히 사업자와 소비자 간의 관계에서 발생하는 문제뿐 아니라, 경제나 과학기술, 교육, 복지 분야에 이르기까지 다양한 영역의 이해당사자들이 다각도로 연계되어 이루어진다. 따라서 체계적인 분석이나 평가과정 없이 단순히 통찰력에 의존하여 직관적으로 정책의 효과를 판단하는 것은 한계가 있다. 또한 누구의 입장에서 정책의 결과를 평가하느냐에 따라 그 결과가 달라질 수 있다. 따라서 객관적 자료를 바탕으로 합리적인 추정과정을 거쳐 정책의 효과를 평가하는 전문적인 과정이 필요하다.

2) 향후 정책수립의 근거 제공

정책평가는 향후 정책을 수정하거나 재수립할 때, 참고가 될 자료를 얻는 데 필요하다. 정책의 평가결과가 당초의 예상과 다르게 분석되었다면, 그 원인을 파악하여 본래의 목적을 달성할 수 있도록 수정하게 된다. 수정이 불가능하거나 의미가 없다고 판단되면 해당 정책은 폐기된다. 오늘날 정부에 대한 소비자들의 기대가 높아짐에 따라 정부가 해야 할 소비자 관련 업무들이 급속히 늘어나고 있으며, 그 과정에서 막대한 자원이 소요된다. 이에 따라 특정 소비자정책을 수행하는데 비용 대비 효과를 검증해야 할 필요성이 높아지고 있으며, 이미 시행하고 있는 정책의 지속 여부에 대해서도 끊임없는 재판단이 요구된다. 이 과정에서 정책의 평가결과는 정책의 정당성을 판단하는 근거가 될 수 있으며, 정책의 수정보완에 필요한 피드백을 제공하는 역할을 하게 된다.

03 | 평가설계 시 유의점

1) 인과관계의 추론

정책평가의 핵심은 평가의 대상이 되는 정책이 기대하는 효과를 가져왔는지를 판단하는 것이다. 따라서 정책평가 과정에서 가장 우선시해야 할 부분은 정책의 집행과 결과 사이의 인과관계를 검증하는 최적의 방법을 찾는 것이다. 인과관계가 성립하기 위해서는 일반적으로 세 가지의 조건이 성립되어야 한다. 첫째, 두 변수 사이에 상관관계가 있어야 한다. 이는 하나의 변수가 변하면 다른 하나도 반드시 변해야 함을 의미한다. 둘째, 원인이 결과보다 시간적으로 먼저 발생해야 한다. 즉, 단순히 한 변수가 변화할 때 다른 변수도 변화한다는 것만으로는 두 변수 사이에 인과관계가 있다고 말할 수 없으며, 원인변수의 변화가 결과변수의 변화보다 시간적으로 선행해야 한다. 그러나 사회현상에서는 시간의 선후관계를 결정하기 어려운 경우가 많으므로 유의해야 한다. 인과관계의 마지막 조건은 그러한 결과가 있을 때는 항상 그 원인이 존재해야 한다는 것이다. 일종의 규칙성이다.

정책평가에서 특정 정책의 집행과 효과 사이의 인과관계를 증명하는 것은 쉬운 일이 아니다. 정부의 정책은 정책의 대상이 속한 정치, 경제, 혹은 사회적 환경과 상

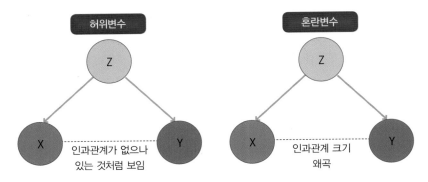

그림 **16-2** 허위변수와 혼란변수

호작용하여 어떠한 결과를 산출하게 된다. 그러므로 그 결과가 정책의 집행에서 비롯된 것인지, 다른 요인에 의한 것인지 정확히 구분하기가 매우 어려우며, 오늘날과 같이 빠르게 변화하는 환경하에서는 더욱 그러하다. 또한 어떠한 변화는 다양한 원인이 복합적으로 작용하여 나타난 결과일 수 있는데, 이러한 경우 특정 정책을 변화의 원인으로 단정 지을 수 없다.

　허위변수와 혼란변수의 존재 또한 인과관계의 추론을 어렵게 만드는 대표적 요인이다. 허위변수란 두 변수들 사이에 전혀 관계가 없는데도 어떤 상관관계가 있는 것처럼 나타나도록 두 변수에 모두 영향을 미치는 숨어있는 변수를 말한다. 혼란변수란 두 변수 사이에 부분적으로 인과관계가 있기는 하지만, 두 변수의 변화에 부분적으로 영향을 미치는 제3의 숨은 변수도 존재하는 경우를 의미한다. 혼란변수는 두 변수 간의 인과관계를 실제보다 크게 보이도록 만들기도 하지만, 실제 존재하는 인과관계를 없는 것처럼 보이도록 만들기도 한다. 정책의 평가과정에서 허위변수나 혼란변수의 영향을 적절하게 제거하지 못한다면, 정책평가는 타당하지 못한 결론에 이르게 된다. 간혹 하나 이상의 혼란변수나 허위변수가 존재하는 경우도 있는데, 이러한 경우는 더욱 유의해야 한다.

2) 타당성과 신뢰도

　정책의 평가과정에서 정확한 인과관계를 추론하는 것 이상으로 주의해야 할 부분은 평가결과의 타당성과 신뢰도를 높이는 것이다. 타당성이란 측정이나 추론이 원래 목표로 하였던 것을 정확하게 측정 또는 추론하였는가를 의미한다. 따라서 정책평가에서 타당성은 정책평가 결과가 특정 정책의 효과를 얼마나 진실에 가깝게 추정해 내었는지를 뜻한다.

정책평가에서는 평가의 단계마다 고려해야 할 타당성이 존재한다. 우선 변수설정 단계에서는 해당 변수를 측정하기 위한 도구나 지표가 측정하고자 하는 개념을 정확하게 측정하고 있는지를 검토해야 한다(측정도구의 타당성). 조사대상의 설정과정에서는 선정한 대상이 실제로 그 정책의 대상자가 맞는지를 살펴보아야 한다(조사대상의 타당성). 이 외에도 평가에 사용될 표본이 모집단을 대표할 수 있게 추출되었는지(표본추출의 타당성), 분석방법이 정책의 효과를 정확하게 추정하고 있는지(분석방법의 타당성) 등도 평가에서 중요하게 고려해야 할 타당성의 종류들이다.

신뢰도는 측정이나 추정결과의 일관성을 나타내는 개념으로, 반복된 평가에서 얼마나 동일한 결과를 산출하는지를 의미한다. 즉 정책평가에서의 신뢰성은 해당 평가과정을 똑같이 되풀이한다면, 동일한 평가결과를 얻을 확률을 나타내는 것이다. 아무리 정확한 자료와 설계를 통해 평가를 수행했다 하더라도, 반복되는 평가에서 매번 결과가 다르게 나타난다면 누구도 그 결과를 믿지 않을 것이다.

정책평가에서 타당도와 신뢰도는 모두 중요하지만, 타당도에 보다 주의를 기울일 필요가 있다. 일반적으로 타당도가 높다면 신뢰도는 자연히 높아진다. 그러나 신뢰도가 높다는 것이 타당도가 높음을 의미하지는 않는다. 다시 말해, 타당도가 높다는 것은 신뢰도 또한 높을 것을 전제로 하나, 신뢰도가 높다고 하여 반드시 타당도가 높을 것이라는 보장은 없다. 따라서 정책평가에서는 타당도에 우선순위를 두어 평가를 기획하고 설계하는 것이 바람직하다.

토의 과제

1. 최근 실행된 소비자 관련 정책 하나를 선택하여, 그 정책에서 기대되는 효과를 산출과 성과로 구분하여 정의하고 어떻게 측정할 수 있을지 제시해 봅시다.
2. 허위변수나 혼란변수가 개입되어 잘못된 결과를 도출한 정책평가 사례를 한 가지 조사하여 정리해 봅시다.

17
CHAPTER

정책평가 사례연구

본 장에서는 소비자정책의 효과를 평가한 다양한 사례들을 선별하여, 그 평가결과와 의의에 대해 생각해 본다. 정책평가에서는 평가대상 정책효과의 설정, 평가대상자의 선정, 평가방법 등이 결과에 중요한 영향을 주게 되므로, 각 항목에 대해 좋은 시사점을 줄 수 있는 사례를 중심으로 합리적인 정책평가 방법에 대해 살펴본다.

01 | 평가대상 정책효과의 설정

정책평가는 정책의 효과를 검증하는 작업이다. 따라서 정책의 효과를 어떻게 정의할 것인가는 정책평가의 방향을 좌우하는 중요한 문제이다. 정책의 효과는 앞서 언급한 바와 같이 장·단기적 효과에 초점을 두어 산출이나 성과 등으로 정의할 수 있다. 또한 정책의 직접 효과만을 포함할 것인지 혹은 해당 정책으로 인하여 발생한 제반 효과를 폭넓게 분석할 것인지에 따라 평가결과가 달라지기도 한다. 이어지는 사례 1과 사례 2는 평가대상이 되는 정책효과를 어떻게 설정하는지에 따라 평가결과에 상당한 차이가 있음을 보여주는 중요한 사례이다.

■ **사례 1: 자동차 안전규제 도입이 교통사고 사망률에 미치는 영향**[10]

이 연구는 교통사고 사상자를 줄이기 위해 도입된 자동차 안전규제가 실제로 운전자와 승객의 안전을 도모하는데 효과가 있는지를 검증한 사례이다. 평가대상이 되는 정책은 1968년 도입된 미국의 자동차 안전규제로서, 새로 생산되는 자동차에 대해 전 좌석 안전벨트, 충격흡수식 차체, 강화유리, 이중 브레이크 등 다수의 안전기준을 충족하도록 규정한 것이다. 강화된 안전기준을 충족시키기 위해서는 추가적 비용이 필요하고, 이는 자동차 가격상승으로 이어진다. 따라서 안전규제가 자동차 가격상승을 감수할 만큼 안전도를 높이는 효과가 있는지 분석하는 것은 정책의 정당성 확보를 위해 필요한 작업이었다.

해당 연구에서는 안전규제의 효과를 측정하기 위해 규제도입 전후의 교통사고 사망률을 비교하는 방법을 사용하였는데, 분석결과 해당 규제가 전체 교통사고 사망률을 낮추는 데에는 효과가 없는 것으로 나타났다. 이는 자동차 안전장치 도입의 효과를 긍정적으로 평가한 비슷한 시기의 다른 연구들과는 반대되는 결론이었다.

Peltzman이 기존의 연구들과 상반된 결론을 내리게 된 이유는 안전규제 도입에 따른 부작용을 함께 고려하였기 때문이다. 분석결과를 보면, 자동차 안전규제는 운전자의 교통사고 사망률을 낮추는 데에는 분명 효과가 있었다. 그러나 자동차의 안전규제가 운전자 이외에 보행자 등의 사망률을 오히려 증가시킴으로써, 교통사고로 인한 전체 사망률에는 변화가 없다는 것으로 나타났다. 이에 대해 Peltzman은 안전규제의 강화가 운전자의 부주의한 운전행태를 강화시키는 부작용을 가져옴으로써, 교통사고 발생률이 높아지고 보행자의 사망률도 높아졌기 때문이라고 설명하였다. 실제로 안전규제 도입 후 음주운전이 증가하였을 뿐 아니라, 안전장치를 갖춘 차량에서 사고가 더 많이 발생하였다는 분석결과는 안전규제의 도입이 오히려 운전자를 부주의하게 만든다는 주장을 뒷받침하였다.

이 연구의 결과는 이른바 "Peltzman Effects"로 불리며, 이후 다수의 후속연구에서 이를 재검증하는 작업이 이루어졌다. 후속연구들은 평가대상 집단이나 평가방법에 따라 차이는 있지만, 대체로 부작용으로 인한 사망률 증가가 안전규제 도입으로 인한 사망률 감소를 상쇄시킬 만큼 크지는 않다고 결론을 내리고 있다.

---

10 Peltzman, S.(1975). The effects of automobile safety regulation. *Journal of Political Economy*, 83(4), 677-725.

■ 사례 2: 의약품의 안전마개 도입이 어린이 약물중독 사고에 미치는 영향[11]

이 연구는 의약품 포장에 안전마개를 도입하는 것이 어린이의 약물중독 사고를 방지하는데 도움이 되는지를 분석하였다. 평가대상이 되는 정책은 1972년 미국의 식품의약품안전청(Food and Drug Administration)이 아스피린 계열의 의약품에 대해 안전마개를 의무적으로 장착하도록 규제한 것이다. 해당 연구에서 Viscusi는 위의 사례에서 살펴본 Peltzman Effects가 약품의 안전마개 도입 정책에 있어서도 유효함을 실증하였다.

해당 연구에서는 정책시행 전후의 어린이 약물중독 사고 발생률을 비교함으로써, 안전마개 도입의 효과를 검증하였다. Viscusi는 이 연구에서 안전마개의 도입이 어린이 약물중독 사고 발생에 역효과를 미친다는 의외의 결과를 보여주었다. 즉, 아스피린에 안전마개를 도입함으로써 전체 어린이 약물중독 사고는 오히려 늘어났다는 것이다. 이는 안전마개를 도입한 아스피린으로 인한 약물중독 사고가 전혀 줄어들지 않은 반면, 안전마개를 도입하지 않은 타 약물로 인한 사고는 증가하였기 때문이다.

Viscusi는 그 이유에 대해 안전기제의 도입은 소비자들을 더욱 부주의하도록 만들 수 있기 때문이라고 설명한다. 부모들이 안전마개를 과신하여 약병을 아이들의 손이 닿는 곳에 방치하거나, 심지어는 뚜껑 닫는 것을 잊어버림으로써 안전마개 도입에도 불구하고 아스피린에 의한 사고는 줄어들지 않았다. 그런데 이 같은 부주의한 행동이 안전마개를 도입하지 않은 다른 약물에 대해서도 동일하게 나타남으로써 전체 약물사고는 오히려 늘어나는 결과를 초래한 것이다.

이상의 사례들은 정책평가에서 평가대상이 되는 정책의 효과를 어떻게 정의할 것인가에 대해 좋은 시사점을 제공한다. 정책평가를 기획함에 있어 우리는 흔히 정책이 의도한 일차적 목적의 달성 여부에 초점을 맞춘다. 그러나 위의 두 사례에서와 같이 정책의 효과를 부작용을 포함하여 넓게 설정하는 경우, 그 효과는 전혀 다른 방향으로 나타날 수 있다. 따라서 정책평가에서 정책효과의 범위를 어떻게 정의하고 어디까지 포함할 것인가를 결정하는 작업은 정책의 성격과 평가의 목적을 고려하여 신중하게 이루어져야 한다.

---

11 Viscusi, W. K.(1984). The lulling effect: the impact of child-resistant packaging on aspirin and analgesic ingestions. *American Economic Review*, 74(2), 324-327.

02 | 평가대상자의 선정

소비자정책은 다양한 사람들의 복잡한 이해관계를 바탕으로 이루어지므로, 누구의 입장에서 정책을 평가하느냐는 중요한 문제이다. 동일한 정책효과를 평가하는 경우에도 평가를 실시하는 대상에 따라 그 결과는 달라질 수 있다. 평가계획 단계에서 정책의 목적이나 성격뿐 아니라, 정책을 둘러싼 이해관계자를 면밀히 파악하는 것이 중요한 이유이기도 하다. 이어지는 사례 3은 「이동통신단말장치 유통구조 개선에 관한 법률(이하 단말기유통법)」 도입효과에 대한 평가가 평가대상자에 따라 어떻게 달라지는지를 비교하여 보여주는 흥미로운 연구이다.

■ 사례 3: 「단말기유통법」, 누구를 위한 법인가?[12]

이 연구의 평가대상인 「단말기유통법」은 번호이동, 신규가입 등 가입유형에 따른 소비자 차별행위를 금지하고, 단말기 보조금에 상한을 두어 단말기 유통구조를 투명하게 개선하고자 2014년 10월부터 시행된 제도이다. 이 연구에서는 서로 다른 이해관계를 가진 이동통신 유통경로 구성원들(단말기 제조업체, 이동통신서비스 공급업체, 이동통신 유통업체, 최종소비자)을 대상으로 각각 심층면접을 실시하여, 「단말기유통법」에 대한 각 집단의 엇갈린 평가를 비교분석하였다. 심층면접은 단말기 제조업체, 이동통신서비스 공급업체, 이동통신 유통업체의 경우 각 3명, 소비자의 경우 4명의 참가자를 대상으로 진행되었다.

분석결과 이동통신 유통업체 측에서는 이 법이 유통경로 구성원 어느 누구에게도 도움이 되지 않는 법이라고 평가하였다. 반면 단말기 제조업체 측에서는 이 법이 이동통신서비스 공급업체에는 도움이 될 것으로, 단말기 제조업체에는 불이익을 주거나 업체 간 양극화를 가져올 것으로 평가하였다. 이동통신서비스 공급업체 측에서는 대체로 적응 여부에 따라 규제의 효과가 달라질 것이라는 유보적인 입장을 보였다. 이 법이 최종소비자에 미치는 영향에 대해서도 각 구성원들 사이에 다른 평가결과가 제시되었다. 이동통신서비스 공급업체는 대체로 최종소비자에게 유리한 법으로 평가한 반면, 단말기 제조업체와 이동통신 공급업체는 소비자에게 불리한 결

---

12 송영욱·성 민·김상덕(2015). 이동통신단말장치 유통구조 개선에 관한 법률이 이동통신 유통경로에 미치는 영향. 유통연구, 20(3), 131-156.

과를 가져올 것으로 평가하였다. 소비자 스스로는 이 법에 대해 대체로 부정적인 평가를 내리고 있었다.

이 연구는 동일한 정책에 대한 평가가 평가대상자가 처한 입장이나 이해관계에 따라 어떻게 달라지는지를 보여준 결과로, 정책평가 과정에서 합리적이고 타당한 평가대상을 선정하는 것이 중요함을 보여주는 좋은 사례이다.

03 | 평가방법

정책평가의 대상이 되는 정책효과와 평가대상자가 구체적으로 설정되었다면, 다음 단계에서는 평가의 수행방법을 결정해야 한다. 이론적으로 정책의 효과를 측정하는 가장 이상적인 방법은 주변 환경을 완벽하게 통제하고 정책집행 여부에만 차이를 두어 실험을 진행하는 것이다. 그러나 소비자정책에서 완벽히 통제된 실험을 통해 정책효과를 측정하는 것은 윤리적 측면이나 사회경제적 측면에서 실행가능성이 낮은 경우가 대부분이다. 따라서 통제조건을 다소 완화시킨 유사실험이나 실험을 통하지 않는 방법을 통해 정책을 평가하는 것이 일반적이다. 이때 실험을 통하지 않는 방법에는 조사연구나 사례분석, 이차자료 분석, 각종 지표의 활용 등 다양한 방법이 포함된다. 이어지는 정책평가 사례들은 소비자정책의 대표적인 평가방법인 1) 유사실험, 2) 조사연구, 3) 내용분석, 4) 이차자료를 활용하여 정책의 효과를 분석한 사례들이다.

1) 유사실험을 이용한 사례

유사실험은 전통적인 실험설계에서 갖추어져야 할 실험집단과 통제집단의 동질성, 측정시점이나 독립변인 등에 대한 통제가 완벽하게 이루어지지 않는 상태에서 활용가능한 대안적인 실험방법이다. 유사실험은 통제된 실험실이 아닌 일상생활과 동일한 환경에서 이루어지므로, 보다 현실적이고 일반화 가능성이 높은 결과를 이끌어낼 가능성이 높다. 그러나 주변 환경의 통제나 비교대상이 되는 집단 간 동질성을 확보하는데 어려움이 있으므로, 정책의 실행에 따른 인과관계를 명확하게 규명하는 데에는 다소 한계가 있다.

유사실험은 대상자를 실험군과 대조군으로 분류할 수는 있으나 집단 간 동질성이 확보되지 않은 비동질적 통제집단 설계(nonequivalent control group design), 실험군과 대조군이 존재하나 사전 측정이 이루어지지 않은 사후검사 비교집단 설계(posttest comparison group design), 실험군과 대조군의 구분 없이 하나의 집단에 대해 전후의 효과를 비교하는 동일집단 사전-사후 설계(one-group pretest-posttest design) 등 실험조건에 따라 다양한 실험설계가 가능하다. 이어지는 사례 4는 사후검사 비교집단 설계를, 사례 5는 동일집단 사전-사후 설계를 적용하여 소비자정책의 효과를 평가한 사례이다.

■ 사례 4: 영양표시유형에 따른 소비자반응 평가[13]

이 연구에서는 식품에 대한 영양표시제도가 실제로 소비자들에게 충분히 활용되지 못하고 있음을 지적하고, 그 원인이 적절하지 못한 표시방법에 있다고 보았다. 이에 영양표시제도의 정책효과를 향상시키는 가장 적절한 영양표시유형이 무엇인지를 규명하기 위해, 서로 다른 유형의 영양표시에 대해 소비자반응을 측정하는 실험을 실시하였다. 실험은 25세 미만의 대학생 소비자 1,029명을 대상으로 이루어졌으며, 네 가지 영양표시유형(정책대안)에 대한 소비자반응(정책효과)을 측정하였다.

영양표시유형은 크게 요약정보형과 구체적 정보형의 두 가지 형태에 대해 각각 실험군과 대조군을 설정하여 비교하는 방식으로 이루어졌다. 이때, 각 유형에 대해 현재 우리나라에서 통용되고 있는 표시형태를 대조군으로, 대안적 표시형태를 실험군으로 설정하였다(표 17-1).

정책의 효과를 의미하는 소비자반응은 효율성(efficacy)과 적합성(accuracy)의 두 가지 측면에서 측정되었다. 여기에서 효율성은 소비자들이 제시된 영양정보를 얼마나 빨리 처리하는지를 의미하는데, 각 유형의 영양표시에 포함된 정보를 파악하여 주어진 질문에 답하는 데 걸리는 시간으로 이를 측정하였다. 적합성은 영양정보가 소비자들이 올바른 선택을 하는데 도움이 되는지 의미하는데, 각 유형의 영양표시를 보고 가상의 구매상황에서 얼마나 정확하게 조건에 맞는 제품을 선택하는지는 수치화하여 측정하였다.

---

13 사지연·여정성(2014). 영양표시유형에 따른 소비자반응의 효율성과 적합성. 소비자정책교육연구, 10(4), 217-245.

표 **17-1** 실험집단의 구성

실험 집단	요약정보형		구체적 정보형	
	대조군	실험군	대조군	실험군
영양 표시 유형	영양강조표시 	영양인증마크 	영양성분함량표시 	신호등표시

　실험결과, 효율성 측면에서 구체적 정보형에 비해 요약정보형이, 요약정보형 중에서도 글자위주인 영양강조표시에 비해 그림 위주인 영양인증마크가 우월한 표시유형인 것으로 나타났다. 적합성 측면에서는 요약정보형과 구체적 정보형 모두에서 대조군에 비해 실험군이 높은 점수를 보여주었다. 이러한 실험결과를 바탕으로 해당 연구에서는 어렵거나 과도하게 많은 양의 정보제공은 효율성은 측면에서는 물론 적합성 측면에서도 소비자에게 부정적 영향을 미칠 수 있다고 결론지었다. 즉, 영양표시는 소비자들에게 다양한 정보를 제공할 필요가 있지만, 그 수준이 과도하거나 표시형태가 부적합하다면 소비자에게 오히려 정보과잉 문제를 일으킬 수 있다고 보았다.

　이 연구는 그 효과성에 대해 다양한 의견이 존재하는 여러 가지 정책대안에 대해, 실험을 통해 우월한 정책대안을 증명하였다는 점에서 의의가 있다. 특히 정보제공정책의 일차적 목표라 할 수 있는 풍부한 정보제공이 소비자선택에 늘 긍정적인 효과를 가져오는 것은 아니라는 사실을 실험을 통해 보여주었다는 점에서 흥미롭다.

■ 사례 5: 소비자교육은 소비자역량을 향상시키는가?[14]

　이 연구는 중학교 가정교과목에 포함된 소비자교육이 청소년들의 소비자역량을 향상시키는 효과가 있는지를 유사실험의 방식을 이용하여 검증하고, 그에 따른 시사점을 도출하였다. 경기도 소재의 A중학교 1학년 171명을 대상으로, 소비자교육 전과 후의 소비자역량을 측정하여 비교함으로써 교육의 효과를 검증하는 단일집단 사전-사후 설계 방식을 이용하여 실험이 이루어졌다. 소비자교육은 중학교 기술가

---

14 박미정(2018). 가정교과의 소비자교육이 중학생의 소비자역량에 미치는 효과. 한국가정과교육학회지, 30(2), 1–20.

정 교과서를 교재로 하여 1주에 2시간씩 약 8~10시간을 실시하였으며, 소비자역량의 측정은 거래역량과 시민역량의 영역에 대해 각각 인지적 역량과 실천적 역량을 측정하는 22문항의 평가척도를 이용하여 이루어졌다.

분석결과, 네 가지 영역 모두에서 소비자교육 이후 통계적으로 유의하게 소비자역량 점수가 높아진 것으로 나타나, 가정교과를 통해 이루어지는 소비자교육은 중학생의 소비자역량을 향상시키는 효과가 있는 것으로 확인되었다(표 17-2). 이 연구에서는 소비자역량과는 별도로 생활만족도와 가정과교육의 유용성에 대한 평가도 함께 이루어졌는데, 소비자교육은 두 항목에 대한 평가 모두에서 긍정적인 영향을 주는 것으로 나타났다.

표 **17-2** 소비자교육 전후의 소비자역량 점수 비교(평균, 표준편차)

	인지적 역량(100점 만점)		실천적 역량(5점 만점)	
	거래역량	시민역량	거래역량	시민역량
소비자교육 전	36.15(22.10)	39.97(29.04)	3.33(0.67)	3.16(0.56)
소비자교육 후	46.61(22.01)	51.52(25.81)	3.55(0.78)	3.38(0.67)

이 같은 결과를 바탕으로 해당 연구는 중등학교 교육과정에서 소비자교육의 중요성을 강조하면서, 소비자교육의 내용을 사회적 흐름에 맞게 재구성하고 학생들의 요구를 반영한 다양한 프로그램을 개발할 필요가 있다고 보았다. 이 연구는 중학교 가정과 정규 교육과정에 포함된 소비자교육의 효과를 실제 교육이 이루어지는 환경 하에서 실험을 통해 증명하였다는 점에서 의의가 있다.

2) 조사연구를 이용한 사례

조사연구는 실험을 거치지 않고 정책평가를 수행하는 대표적인 방법의 하나로, 조사대상자들에게 평가대상 정책의 효과에 대해 질문을 하고 그 응답을 분석하여 결론을 도출한다. 조사연구는 다수를 대상으로 구조화된 질문을 이용하여 수치화된 자료를 수집하는 양적 조사와 소수 혹은 특수한 집단을 대상으로 수치화하기 곤란한 심도 있는 자료를 수집하는 질적 조사로 나누어진다. 양적 조사는 대체로 구조화된 설문지를 이용하여 다수의 조사대상자들로부터 숫자 내지는 범주로 표현 가능한 응답을 수집하는 방식으로 이루어진다. 이는 추상적 현상을 수치화된 자료를 이용하여 관찰 가능한 형태로 표현할 수 있고, 계량적 통계분석을 이용한 가설검증이 가능하다는 측면에서 정책효과를 합리적으로 추정하는데 유용하다.

반면에 질적 조사는 소수의 조사대상자들을 대상으로 심도 있는 질문과 응답을 주고받음으로써, 수치로 표현하기 어려운 현상을 파악하여 기술하고 그로부터 의미 있는 해석을 이끌어내기에 적합하다. 정책평가를 위한 질적 조사는 주로 면접조사를 통해 이루어지며, 평가의 목적이나 조사대상자의 속성에 따라 다양한 면접기법을 활용할 수 있다. 최근에는 양적 조사와 질적 조사 각각의 단점을 보완하고 장점을 살리기 위해 양자를 혼합하여 정책평가에 활용하는 혼합방식이 사용되기도 한다. 이어지는 사례 6과 사례 7은 소비자를 대상으로 양적 조사를 활용하여 소비자정책을 평가한 연구이며, 사례 8은 전문가를 대상으로 한 심층설문을 바탕으로 평가를 시도한 연구이다.

■ 사례 6: 의약품의 편의점 판매는 소비자에게 득인가? 실인가?[15]

이 연구는 소비자가 심야시간대와 공휴일에 의약품을 손쉽게 구매할 수 있도록 하는 안전상비의약품 약국 외 판매정책의 효과를 평가하였다. 이 정책은 안전상비의약품으로 지정된 해열진통제, 감기약, 소화제, 파스 등 총 13종의 일반의약품을 약국 이외의 장소, 즉 지정된 24시간 편의점 및 슈퍼마켓 등에서 구입할 수 있도록 한 제도로, 지난 2012년 처음 도입되었다. 해당 정책의 효과성에 대해서는 도입초기부터 상반된 의견이 존재해 왔다. 하나는 안전상비의약품에 대한 접근성과 이용편의성을 증대시킴으로써 소비자들에게 긍정적 영향을 줄 것이라는 의견이고, 다른 하나는 약사의 개입 없이 의약품을 자유롭게 구매함으로써 의약품의 오남용 가능성이 높아져 소비자위험을 높인다는 의견이다.

이 연구는 최근 1년 이내 편의점에서 안전상비의약품을 구입한 경험이 있는 20~50대 소비자 400명을 대상으로 설문조사를 실시함으로써, 대립된 두 의견에 대해 정책을 이용하는 소비자의 입장에서 이를 평가하였다. 해당 조사에서는 의약품에 대한 소비자의 접근성과 이용편의성 증대 여부를 평가하기 위해 소비자의 의약품 구매행동을 측정하였다. 동시에 해당 제도 도입으로 인하여 소비자들이 느끼는 편

---

15 고대균 · 여정성(2017). 안전상비의약품 약국 외 판매에 관한 소비자 평가. 소비자정책교육연구, 13(2), 51-78.

의성과 약물오남용에 대한 우려를 각각 5점 리커트 척도를 이용하여 측정하였다.

분석결과, 소비자들은 주말과 공휴일, 심야 등 약국이 문을 닫았을 때 편의점에서 안전상비의약품을 구매한 것으로 나타나, 정책의 도입목적인 의약품에 대한 소비자의 접근성과 이용편의성이 증대된 것으로 나타났다. 정책에 대한 소비자의 주관적 평가를 보면, 정책의 편의성에 대한 평가가 5점 만점에 4.3점으로, 약물오남용 등 부작용에 대한 평가인 3.2점보다 높게 나타났다. 이에 대해 해당 연구는 소비자들이 정책의 부작용에 대해 충분히 인식하고 있지만, 심각하게 우려하고 있지는 않다고 평가하였다.

이 연구는 해당 정책의 실행과정에서 지속적으로 언급된 부작용에 대해 직접 소비자조사를 실시함으로써 소비자들이 이를 충분히 인식하고 있으며, 심각하게 우려할 수준이 아님을 보여주었다. 또한 소비자들이 자신의 편의에 따라 편의점과 약국을 상호보완적으로 적절하게 이용하고 있음을 실증함으로써 시장에서 정책의 도입목표가 제대로 달성되고 있다고 결론지었다.

■ 사례 7: 의약품표시에 대한 소비자선호도 평가[16]

이 연구는 현재 우리나라에서 실시하고 있는 일반의약품 표시제도에 대한 소비자들의 이해도를 알아보고, 소비자가 가장 선호하는 표시의 형태가 무엇인지를 소비자조사를 통해 측정하였다. 의약품 표시제도는 약에 대한 정보를 소비자에게 명확하고 쉽게 전달하여, 궁극적으로는 소비자의 복약순응도를 높이는 것을 목적으로 한다. 여기에서 복약순응도란 전문가가 지시한 용량·용법을 지켜 의약품을 복용하는 것을 의미한다.

이 연구에서는 20~50대 남녀소비자 531명을 대상으로 설문조사를 실시하였다. 일반의약품 표시에 대한 소비자들의 이해도를 평가하기 위해 일반의약품 포장패키지에 포함된 첨부문서의 확인정도와 그 내용에 대한 이해정도를 측정하였다. 그리고 첨부문서를 확인하지 않거나 그 내용을 이해하지 못한다고 답한 경우, 그 이유를 질문하였다. 소비자들이 가장 선호하는 표시의 형태를 알아보기 위해서는 여러 가지 형태와 디자인의 표시사례를 제시하고 소비자들로 하여금 가장 선호하는 형태

16 고은경·여정성(2014). 복약순응도를 높이기 위한 의약품 표시의 소비자지향적 개선방안 연구-일반의약품을 중심으로. 소비자정책교육연구, 10(3), 195-220.

의 표시를 선택하도록 하였다.

분석결과, 조사대상자의 83.4%는 일반의약품의 첨부문서를 확인하고 있었으며, 효능·효과, 용법·용량, 부작용, 주의사항 등 의약품의 안전한 사용에 관한 내용들을 주로 확인하는 것으로 나타났다. 첨부문서를 확인하지 않는다고 응답한 소비자들은 낮은 가독성과 과도한 정보량 등의 이유로 이를 확인하지 않는다고 답하였다. 조사대상자의 절반 가까이는 첨부문서에 사용된 용어가 어렵다고 평가하였고, 세 명 중 한 명은 첨부문서에 쓰인 내용을 이해하기 어렵다고 답하였다. 첨부문서의 형태 또한 소비자들이 의약품표시를 확인하고 이해하는데 중요한 영향을 미치고 있었다. 응답자의 84.1%는 첨부문서의 글자크기가 작아서 읽는데 어려움이 있다고 하였고, 71.8%는 이처럼 작고 조밀한 의약품의 표시형태가 첨부문서를 이해하는데 걸림돌이 된다고 평가하였다. 한편, 소비자들이 가장 선호하는 의약품의 표시형태는 검은 글씨로 표기한 사용기한과 제조번호였다. 내부포장에 대해서는 제품명과 효능뿐 아니라 복용량을 함께 표기한 형태를, 외부포장에 대해서는 사용상 주의사항을 요약하여 포장 뒷면에 제시하는 형태를 선호하였다.

이 연구는 의약품 표시제도를 직접 활용하고 있는 소비자들을 대상으로 정책의 효과와 문제점을 조사하여 분석하고, 이를 토대로 소비자들이 선호하는 대안을 제시하였다는 점에서 소비자조사를 적절히 이용한 정책평가 사례라 할 수 있다.

■ **사례 8: 소비자제품 안전규제, 이대로 좋은가?**[17]

이 연구는 가습기살균제 사고 이후 생활화학제품에 대한 소비자의 불안이 증가하고 있음을 우려하면서, 현재 우리나라에서 생활화학제품 분야의 안전규제가 적절하게 이루어지고 있는지 점검이 필요하다고 보았다. 이를 위해 해당 연구에서는 전문가 대상 심층설문조사를 통해 생활화학제품 안전규제를 생산, 유통, 소비의 세 단계로 나누어 평가하고, 그 결과를 바탕으로 정책의 우선순위를 도출하였다. 조사의 특성상 확률적 표본추출 방법으로 대상자를 선정하는 것이 적절하지 않다고 보아, 비확률적 표집법의 하나인 눈덩이 표집(snowball sampling)을 통해 총 242명의 전문가 목록을 확보하였다. 구조화된 질문과 개방형 질문을 함께 포함한 심층설문지

---

17 김흥주·박상철(2018). 소비자제품 안전규제의 효과성 평가와 정책대안 도출 및 지방정부 역할에 대한 함의: 생활화학제품 분야 전문가 의견조사를 중심으로. *한국지방자치연구*, 20(2), 123–157.

를 242명의 전문가들에게 팩스 및 이메일을 통해 송부하였고, 이 가운데 25.2%인 61부의 설문지가 회수되었다.

안전규제를 생산, 유통, 소비의 세 단계로 나누어 정책의 효과성을 평가한 결과, 소비단계에서의 규제가 가장 부정적인 평가를 받았다. 구체적으로 소비단계에서 이루어지는 소비자안전교육과 피해구제노력, 위해정보분석 및 안전정보 구축 등에 대한 부정적 평가가 높게 나타났다. 한편 생산단계에 있어서는 체계적이고 전문적인 관리시스템, 안전인프라 구축, 사전규제정비 등이, 유통단계에 있어서는 소비자안전 빅데이터 분석, 소비자참여가 부정적인 평가를 받았다. 이러한 결과를 바탕으로 해당 연구는 사전규제, 사후규제, 소비자지원과 교육 등 다양한 측면에서 생활화학제품 안전규제의 실효성을 높이기 위한 정책대안을 도출하였다. 구체적으로 사전허가제 도입 및 강화, 사후규제로서의 징벌적 손해배상제 도입과 리콜제도 강화, 소비자의 입증책임 완화가 이루어져야 한다고 보았으며, 소비자지원과 교육을 위한 인력과 예산확보 또한 강조하였다.

이 연구는 생활화학물질의 유해성에 대한 소비자의 불안감이 높고 정확한 제품정보가 부재한 현재 상황에서, 생활화학제품에 대한 현행 규제를 종합적으로 평가하고 그 대안을 모색하였다는 점에서 의의가 있다. 특히 연구과정에서 해당 분야의 전문가 집단을 대상으로 심층조사를 실시함으로써, 법제도 개선과 관련하여 실효성 있는 의견을 확보하였다는 점에서 좋은 사례가 될 수 있다.

3) 내용분석을 이용한 사례

내용분석은 기존의 연구나 문헌, 관련 기사나 각종 자료의 내용을 분석함으로써, 평가대상이 되는 정책의 효과를 유추해내는 방법이다. 내용분석은 평가를 수행함에 있어 시공간의 제약이 없고, 조사연구에서 발생할 수 있는 응답자 편향이 거의 없다는 장점이 있다. 또한 연구절차를 표준화하는 경우, 누구나 같은 결과를 도출할 수 있다는 점에서 반복적인 정책평가에 유용하다.

내용분석은 관심의 대상이 되는 속성을 포함하는 자료의 내용을 체계적으로 분류하여 분석하는 방법이다. 분석절차는 분석대상이 되는 모집단을 정의하고 관심대상이 되는 단어나 주제, 속성 등을 분석단위로 설정하여, 이를 연구문제에 따라 범주화하는 과정을 거친다. 계량화가 필요한 경우에는 범주화된 결과에 대해 빈도

분석을 실시하거나 서열화 하는 등의 방법을 사용할 수 있다. 이어지는 사례 9는 내용분석을 이용하여 소비자정책의 효과를 평가한 대표적인 연구이다.

■ 사례 9: 광고실증제가 소비자정보제공 향상에 미치는 영향[18]

이 연구는 미국에서 1971년부터 1984년까지 시행된 광고실증제가 실제로 광고가 소비자들에게 양질의 정보를 제공하게 만드는 효과가 있는지를 내용분석의 방법을 이용하여 검증하였다. 광고실증제는 광고에서의 기만적 정보를 감소시키기 위한 정책의 하나로, 광고주가 광고에서 주장하는 바를 객관적으로 입증할 증거를 갖추고 있어야 하며, 문제가 제기되었을 때 이를 제출하게 만드는 제도이다.

광고실증제가 의도한 목적을 달성하고 있는지를 평가하기 위해 광고실증제 시행 전(1970년), 시행 중(1976년), 규제완화 후(1984년)의 세 시점에 대해 소비자잡지에 실린 광고의 내용이 어떻게 변화하였는지를 비교분석하였다. 구체적으로 미국에서 발간되는 16종의 소비자잡지에 실린 네 가지 제품군(발한방지제, 스킨로션, 반조리 식품, 반려동물 식품)의 광고내용을 전수조사하여 광고에 포함된 정보적 내용, 기만적 요소 등이 시기별로 어떻게 변화하였는지를 분석하였다. 분석대상이 된 광고는 1970년, 1976년, 1984년에 각각 201개, 258개, 194개로 총 662개의 광고가 최종분석에 포함되었다.

결과를 보면 광고실증제 시행 이후(1976년), 정책 시행 전(1970년)에 비해 제품속성에 대한 정보들이 광고에서 크게 감소한 것으로 분석되었다. 즉, 광고주들이 객관적 증거를 필요로 하는 제품정보 보다는 문제발생 가능성이 낮은 이미지광고를 선호하게 된 것으로 볼 수 있다. 흥미로운 사실은 규제완화가 이루어진 후(1984년)에도 이 같은 현상이 지속되었다는 것인데, 이 연구에서는 해당 정책이 광고의 경향성 자체를 바꾸어 놓았을 가능성에 대해 언급하였다. 하지만 제공된 정보의 유용성을 함께 평가한 결과, 비록 정보의 수는 감소하였지만 제공된 정보의 질은 높아진 것으로 나타났다. 이를 바탕으로 해당 연구는 광고실증제가 부분적으로는 정책의 목적을 달성한 것으로 평가하였다.

이 연구는 광고실증제 도입으로 직접적 영향을 받게 되는 광고의 내용을 체계적

---

18 Kassarjian, H. H., & Kassarjian, W. M.(1988). The impact of regulation on advertising: a content analysis. *Journal of Consumer Policy*, 11, 269－285.

인 기준에 따라 분석함으로써, 규제의 효과를 평가하였다는 점에서 주목할 만한 사례라 할 수 있다.

4) 이차자료를 이용한 사례

이차자료를 이용한 정책평가는 해당 평가를 목적으로 수집된 자료가 아닌, 이미 존재하는 자료를 이용하여 정책평가를 실시하는 것을 의미한다. 이때 사용되는 자료는 각종 서베이나 센서스 자료, 기관에서 발표하는 공식·비공식적 통계자료, 타 연구를 위해 수집된 자료 등을 이용할 수 있으며, 평가대상이 되는 정책과 직간접적으로 관련이 있는 자료일 수도, 전혀 무관한 자료일 수도 있다.

이차자료를 이용한 평가의 가장 큰 장점은 자료를 마련하는 데 시간과 노력, 비용이 거의 들지 않는다는 점이다. 그리고 직접 소규모 조사를 실시하는 것보다 체계적 과정을 통해 수집된 대규모 자료를 활용하는 것이 신뢰도나 타당도 측면에서 나은 결과를 가져올 수도 있다. 또한 시공간적 제약으로 접근이 어려운 대상에 대한 분석을 위해서는 이차자료의 활용이 불가피한 경우도 있다. 그러나 이차자료를 이용한 정책평가에는 항상 자료의 적합성 문제가 따르며, 원래 그 자료를 수집할 때 세웠던 연구문제나 가설을 벗어난 자료의 활용이 어렵다는 한계가 있다. 따라서 자신이 분석하고자 하는 개념이나 분석단위가 이차자료에 존재하지 않을 수도 있고, 이를 보완하기 위해 우회적인 방법을 사용해야 하는 경우도 발생한다. 이어지는 사례 10과 사례 11은 이차자료를 효율적으로 활용하여 정책평가를 실시한 연구이다.

■ 사례 10: 주류광고에 대한 규제는 주류소비를 감소시키는가?[19]

이 연구는 주류소비를 억제하기 위한 비가격정책의 하나인 주류광고에 대한 규제가 실제로 주류소비를 억제하는 효과가 있는지를 이차자료를 활용하여 분석하였다. 이 연구는 기존연구들이 대부분 특정 국가에 한정하여 주류광고 규제의 효과를 검증하고 있기 때문에 국가의 특성에 따라 결과가 다르게 나타나 일치된 결론에 이르지 못하고 있다고 보았다. 이에 특정 국가의 자료가 아닌 국가별 자료를 이용하여

---

19 양현석·백남종·김원년(2015). 주류광고 규제 효과 분석에 관한 연구. *Journal of the Korean Data Analysis Society*, 17(4), 2015–2024.

주류광고와 주류소비 간 관계를 실증적으로 분석함으로써, 주류광고 규제의 효과를 명확하게 밝히고자 하였다.

이를 위해 세계적으로 가장 보편화된 주류인 맥주를 중심으로 연구를 진행하였다. 세계 240개국을 대상으로 WHO에서 실시한 알코올과 건강에 대한 글로벌 서베이 자료를 바탕으로, 184개 국가에 대해 분석을 실시하였다. 주류광고가 이루어지는 매체의 종류는 TV, 라디오, 인쇄매체, 인터넷의 네 가지 형태로 구분하였으며, 각 매체에 대해 광고금지, 부분규제, 자율규제, 규제없음의 네 단계로 규제 수준을 구분하였다. 분석결과를 보면 전반적으로 광고규제가 없는 국가에 비해 규제가 있는 국가의 맥주소비량이 낮은 것으로 분석되었다. 광고규제의 효과는 광고매체나 규제 수준에 따라 다르게 나타났다. 규제 수준의 측면에서는 전면금지와 부분금지가 주류소비량을 감소시키는데 효과적이었고, 광고매체의 측면에서는 TV에 대한 규제가 가장 효과가 큰 것으로 분석되었다.

이 연구는 이차자료를 이용한 정책평가의 장점을 가장 잘 보여주는 사례라고 할 수 있다. 특정 정책의 평가를 위해 연구자가 세계 200여 개 국가에 대해 직접 자료를 수집하는 것은 현실적으로 불가능에 가까울 것이다. 이 연구는 WHO에서 수집한 이차자료를 이용함으로써 이 같은 자료의 한계를 극복하고, 유용한 정책적 함의를 이끌어내었다는 점에서 그 의의가 있다.

■ **사례 11: 정보공개정책이 소비자 및 의료기관의 의사결정에 미치는 영향[20]**

이 연구는 의료기관에 대한 부정적 평가정보공개 정책이 소비자와 의료기관의 행태에 미치는 영향을 평가하였다. 구체적으로 건강보험심사평가원의 제왕절개분만 적정성 평가에서 부정적인 등급정보를 공개하는 것이 소비자와 해당 의료기관의 행태에 어떠한 변화를 가져오는지를 분석하였다. 이 연구에서 평가의 대상이 된 제왕절개분만 적정성 평가는 제왕절개분만율을 적정 수준으로 유지하고, 의료의 질을 향상시키려는 목적으로 2000년 8월부터 2013년 12월까지 시행되었던 정책이다. 평가초기에는 결과가 일반에 공개되지 않았으나, 2005년 8월부터 개별 의료기관에 대한 평가결과가 공개되기 시작하면서 일반 소비자들도 이를 확인할 수 있게 되었다.

---

20 배현회·한승혜(2018). 의료기관 평가정보공개의 효과: 제왕절개분만 적정성 평가공개에 대한 의료기관 및 소비자 행태 변화. 한국정책학회보, 27(4), 359-381.

제왕절개분만 적정성 평가는 병원의 특성에 따라 제왕절개분만율 예측치를 설정하고 이를 실제값을 비교하여 예측치보다 더 적게 제왕절개가 이루어지고 있는 경우 '좋음', 예측 범위에서 제왕절개가 이루어지고 있는 경우 '보통', 예측치보다 더 많은 제왕절개가 이루어지고 있는 경우 '나쁨' 등급을 부여하는 방식으로 이루어졌다.

이 연구에서는 해당 정책이 소비자와 의료기관에 차별화된 행동변화를 가져올 것으로 보았다. 구체적으로 소비자의 측면에서는 제왕절개분만 적정성 평가에서 나쁨 등급을 받은 의료기관을 선택하는 소비자가 줄어들어 전체 분만수가 감소하게 될 것으로 가정하였다. 반면 의료기관의 측면에서는 나쁨 등급을 획득한 경우, 해당 의료기관은 제왕절개 분만 성과를 개선하기 위해 노력할 것이므로 제왕절개분만의 비율을 줄일 것으로 보았다. 가설검증을 위해 2006년부터 2012년 사이에 제왕절개분만 적정성 평가 공개가 이루어진 총 369개의 의료기관을 분석대상으로 하였으며, 건강보험심사평가원에서 제공된 각 의료기관별 평가등급 정보와 총 분만건수, 예측된 제왕절개분만율과 실제 제왕절개분만율을 이용하여 분석을 실시하였다.

분석결과를 보면, 평가정보의 공개는 소비자와 의료기관의 행태에 모두 영향을 미치는 것으로 나타났는데, 상급 병원보다는 의원급의 의료기관에 대해 유의한 행동변화를 가져오는 것으로 나타났다. 부정적 등급을 받은 의원급 의료기관은 소비자 선택을 의미하는 전체 분만수가 유의하게 감소하였을 뿐 아니라, 의료기관의 성과개선 노력을 의미하는 제왕절개분만의 비율 또한 유의하게 낮아졌다. 이에 대해 해당 연구에서는 상급 병원은 다양한 정보가 외부에 공개되므로, 제왕절개분만 평가정보가 소비자의 병원 선택이나 의료기관의 성과개선 노력에 미치는 영향이 낮은 반면, 의료의 질을 판단할 정보가 부족한 의원의 경우 공개된 평가정보가 매우 중요한 의사결정 요소로 작용했을 것으로 보았다. 아울러 2013년 제왕절개분만 적정성 평가 종료 이후 하락하였던 제왕절개분만율이 다시 증가하고 있음을 지적하고, 이를 해당 정책 폐지에 따른 부작용으로 볼 수 있음을 언급하였다.

이 연구는 정보공개정책이 소비자와 사업자 간 정보비대칭이 극심한 의료분야에서 소비자에게 유용한 정보를 제공할 뿐 아니라, 의료기관의 행동개선을 유도하는 효과가 있음을 이차자료를 이용하여 실증한 흥미로운 연구이다.

1. 최근 수행된 소비자 관련 정책평가 연구사례를 하나 선택하여, 평가가 이루어진 과정을 정리하고 사용된 방법론의 타당성을 논의해 봅시다.
2. 동일한 정책에 대해 서로 다른 접근법을 이용하여 평가가 이루어진 사례를 찾아보고, 평가결과에 어떠한 차이가 있는지 비교해 봅시다.

찾아보기
INDEX

저자소개

여정성

미국 코넬대학교 소비자경제학과 석사 및 박사
한국소비자학회, 한국소비자정책교육학회 회장 역임
현재 서울대학교 소비자학과 교수, 소비자정책위원회 민간위원장
저서 소비자와 법의 지배(서울대학교출판부)
　　　열일곱 가지 소비자이슈(교문사)
　　　소비자학의 이해(학현사)
　　　소비자연구방법(교문사)

신세라

서울대학교 소비자학과 석사 및 박사
미국 켄터키대학교 박사후 연구원
현재 제주대학교 생활환경복지학부 조교수

사지연

서울대학교 소비자학과 석사 및 박사
현재 한국소비자원 정책연구실 선임연구원

소비자정책
이론과 정책설계

2020년 9월 1일 초판 인쇄
2020년 9월 7일 초판 발행

지은이 여정성·신세라·사지연
펴낸이 류원식
펴낸곳 교문사
편집팀장 모은영
디자인 신나리
본문편집 벽호미디어

주소 (10881) 경기도 파주시 문발로 116
전화 031-955-6111
팩스 031-955-0955
홈페이지 www.gyomoon.com
E-mail genie@gyomoon.com
등록번호 1960.10.28. 제406-2006-000035호
ISBN 978-89-363-1919-9 (93590)
값 18,500원